程序员易读大讲堂

零基础学
Python
算法与数据结构

视频案例精讲

张帆◎著

U0234703

北京理工大学出版社
BEIJING INSTITUTE OF TECHNOLOGY PRESS

内 容 简 介

本书通过"基础理论＋算法详解＋代码实现"的方式，从用户学习与应用的角度出发，使用 Python 由浅入深地讲解数据结构与算法知识。

本书利用图文结合的方式，详细讲述了当下比较实用的算法。全书共分为四部分，第一部分（第 1—2 章），主要介绍 Python 安装与开发环境的搭建，Python 算法入门等内容，以快速了解 Python 的开发环境和基本语法；第二部分（第 3—5 章），主要介绍 Python 算法的基础内容，包含但是不限于对线性表、链表、栈、队列、树、森林、二叉树、图等数据结构或者应用的介绍；第三部分（第 6—9 章），主要介绍常见的查找和排序算法，以及图结构和树结构中复杂的数据结构的定义和实现；第四部分（第 10 章），补充介绍一些常见的算法，如计算类算法、随机问题算法和加密算法等，为读者开拓视野、夯实基础，力求能够快速提高开发技能，拓宽职场道路。

本书提供同步视频、源代码、练习、习题及参考答案等丰富的配套资源，让读者能够轻松入门，学以致用。本书适合作为编程初学者的学习用书，也可用作各类高校相关专业本科生及研究生的教材，还可作为毕业生求职面试的参考书。

图书在版编目（CIP）数据

零基础学Python算法与数据结构：视频案例精讲 /
张帆著. —北京：北京理工大学出版社， 2022.4
ISBN 978-7-5763-1215-7

Ⅰ.①零…　Ⅱ.①张…　Ⅲ.①软件工具 – 程序设计
Ⅳ.①TP311.561

中国版本图书馆CIP数据核字（2022）第053243号

出版发行／北京理工大学出版社有限责任公司
社　　　址／北京市海淀区中关村南大街 5 号
邮　　　编／100081
电　　　话／（010）68914775（总编室）
　　　　　　（010）82562903（教材售后服务热线）
　　　　　　（010）68944723（其他图书服务热线）
网　　　址／http：//www.bitpress.com.cn
经　　　销／全国各地新华书店
印　　　刷／三河市中晟雅豪印务有限公司
开　　　本／787 毫米 ×1000 毫米　1 ／ 16
印　　　张／18　　　　　　　　　　　　　　　　责任编辑／时京京
字　　　数／369 千字　　　　　　　　　　　　　文案编辑／时京京
版　　　次／2022 年 4 月第 1 版　2022 年 4 月第 1 次印刷　　责任校对／刘亚男
定　　　价／79.00 元　　　　　　　　　　　　　责任印制／施胜娟

前　言

　　数据结构和算法是计算机科学技术的基础，尤其是在软件行业，包括工业软件开发、Web 系统开发、游戏开发领域，其更是基础学科。

　　伴随着现代高级语言、开发框架、游戏引擎等技术的发展，大多数的数据结构和算法不再需要应用层的开发者自行实现，而是可以直接使用，这使得开发者只需要专注于业务逻辑就可以完成编程的相关工作。但实际上，数据结构和算法依旧是岗位面试和相关考试的重点，也是一个合格的软件开发者必须掌握的知识点。

　　本书就是为想要巩固计算机基础知识，深入学习数据结构和算法的开发者打造的。本书并没有像很多算法书籍一样，使用类似 Java、C++ 这种学习曲线极高的编程语言进行算法描述，而是选择语法简单、可读性强的 Python 作为示例语言。使用 Python 进行算法描述的好处在于，Python 的代码简单，可以让读者快速理解算法的特点和运行逻辑，与"伪代码"相比，Python 可以直接在系统中运行，并实时地根据输入数据返回结果。

　　数据结构就是如何将已有的数据进行格式化的整理，使数据容易读取和对其进行操作。算法就是处理数据的过程。在现实生活中会经常用到算法。例如，想要实现一个宏伟的目标，直接针对这个目标进行努力，可能非常困难。如果将这个大目标分解成多个难度不同的小目标，最终按照不同的实现难度依次完成，就相对简单得多。这种算法被称为梯度上升。

　　本书意图让一个从零开始学习编程的读者，可以快速感受数据结构和算法的神奇之处，并能对数据结构和算法有大致的认知和了解。本书中并不能详尽地介绍所有的数据结构和算法，而是选择极具代表性的数据结构（线性表、链表、栈、队列、树、图等）和一些实际应用中的衍生结构进行介绍和模拟。在算法部分，也尽可能选择简单但有实际应用意义的算法进行原理的介绍并用代码实现。

扫一扫，看视频

本书特点

🖊 基础入门，从不会编程到熟练

本书从零开始逐步深入，从 Python 基础语法到计算机的基本原理，从最简单的数据结构到树和图等复杂结构，逐步求精。

🖊 内容丰富，从数据结构到算法

本书涉及常见的数据结构，包括线性表、链表、栈、队列、树、图等，每种数据结构都对应相应的结构实现和常用算法。

🖊 知识全面，从基础概念到实践

本书涉及多种算法，这些算法大多具有实际的使用意义。书中还涉及大量的算法相关例题，并提供解题思路。

🖊 学以致用，从算法真题到总结

本书各个章节精选大量的相关习题和练习，这些题目大多是各个高校的考研算法真题，通过这些真题的练习，可以快速了解算法的考点并理解算法的执行过程。

🖊 多维度学习套餐

● 同步视频教程：提供与内容同步的高质量、超清晰的视频讲解，快速轻松掌握所学知识。

● 提供思维导图：每章首页提供了一幅思维导图，引导读者在学习前，清晰了解每章知识要点。

● 配习题及答案：为了让读者巩固所学知识，达到学以致用的效果，还提供了相关习题、答案及实操练习。

● 附赠教学 PPT：本书可作为高校及培训机构用书，特赠送教学 PPT 供广大教师参考使用。

备注：以上资料扫描下方二维码，关注公众号，输入"180356"，即可获取配套资源下载方式。

由于计算机技术发展较快，书中疏漏和不足之处在所难免，恳请广大读者指正。

读者信箱：2315816459@qq.com

读者学习交流 QQ 群：518433051

目 录

第 1 章

Python 安装与开发环境的搭建

本章介绍使用 Python 编写数据结构或者计算机算法的相关基础知识。

扫一扫，看视频

本章主要内容

- Python 语言是什么，应当如何使用该编程语言编写代码。
- Python 代码的编写方式及相应的运行环境。
- Python 代码的缩进和注释。

本章思维导图

1.1 Python概述

Python 是一门非常强大且流行的计算机编程语言。Python 语言在全世界范围内拥有相当多的用户，该语言提供的语法和逻辑相当清晰。本书采用 Python 语言作为主要编程语言。

1.1.1 为什么使用 Python 进行算法训练

扫一扫，看视频

对于数据结构和算法而言，其本身是现代计算机编程学的基础。大量的相关书籍采用 C/C++ 语言或者 Java 语言的方式进行数据结构和算法的编写，这是因为这几门语言发展至今已经非常成熟且用户众多。这类偏向于基础的计算机编程语言，可以让读者更清晰地理解每条代码在计算机中的运行方式。大多数传统的算法类教程中采用这类编程语言。

但对于一些非计算机专业的读者而言，采用 C/C++ 或者 Java 语言进行算法的展示不是非常合适，繁多的语法且相当灵活的应用方式或许会让读者失去学习兴趣。使用 C/C++ 想要实现一个数组或者字符串操作并不是一件容易的事情。

为了解决算法和编程语言分开学习的问题，一些算法书采用了伪代码的形式，也就是书中的代码内容并不一定可以在编译器中成功运行。伪代码本身只是算法思想的一种体现。这类书籍又损失了一些实践性。

伴随 Python 语言的出现，算法有了新的表现形式。Python 语言是一种非常现代化的语言，其拥有非常多的现代化特性，甚至可以让大多数没有任何语言编程基础的人也可以非常迅速地开始 Python 代码的编写。

例如，实现 0~9 数组的循环创建和输出，如果采用 C++ 的语法形式，代码如下所示（这里省略了需要引入的头文件）。

```cpp
int main()
{
    int a[10];                  // 初始化变量
    for(int i=0;i<10;++i)       //for 循环，采用下标的方式进行赋值
    {
        a[i]=i;                 // 循环体内部赋值
    }
    // 输出数组内容
```

```
    for(int i=0;i<10;++i){
        cout<<a[i]<<endl;
    }
}
```

如果使用 Python 语言，实现同样效果的代码如下所示。

```
a = range(0, 10)
for item in a:
    print(item)
```

相对于 C/C++ 这类更加接近于系统底层的编程语言，Python 提供了更加便捷的写法和更加现代化的概念，可以更直观地被开发者理解。也正是因为如此，本书选择 Python 语言进行算法的展示。

 注意： 虽然使用 Python 进行算法描述简化了代码且保证了易读性，但是和 C/C++、Java、Golang 等语言相比，Python 代码的执行需要的时间相对较长，这也意味着，相同的算法用不同的编程语言实现后的执行效率并不一致。

1.1.2 Python 开发环境的搭建

扫一扫，看视频

Python 作为一门解释型语言，并不能像机器语言一样被 CPU 直接执行。Python 代码必须用 Python 专用的解释器进行解释，通过该解释器翻译为指令，才能交由 CPU 执行。

 注意： Python 代码在执行时，可能会被编译成后缀为 .pyc 的文件。这并不能说明 Python 是编译型语言，因为 .pyc 文件只是相当于代码中间的编译缓存，依旧需要通过 Python 解释器解释才能运行。

要运行使用 Python 编写的代码，需要系统支持 Python 代码的解释和执行，这就需要进行 Python 运行环境的安装。

Python 的运行环境可以在官网下载，地址为 https://python.org/，其主页如图 1-1 所示。

Python 官网提供两种不同的版本，因为 Python 2 已经不被官方支持，所以这里选择 Python 3 进行下载。本书并不会用到 Python 最新版本的特性，所以并不需要明确指定固定的 Python 版本。

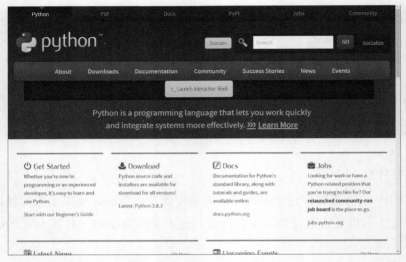

图 1-1　Python 官网主页

 注意：如果读者使用的是 macOS 或者 Linux 系统，系统本身可能已经安装了 Python 2，可以自行选择安装新版本的 Python 3。当然也可以使用 Python 2 进行代码的编写，但是需要注意两者的语法可能不同。

　　下载 Python 安装包之后，安装完成后可以在 Windows 的命令行工具或者 Linux 的终端工具中输入如下命令进行测试。

```
python -V
```

以 Windows 为例，命令行显示本机中安装的 Python 版本，如图 1-2 所示。

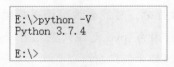

图 1-2　显示安装的 Python 版本

1.2　Python代码的编写

　　本节介绍 Python 编程语言的基本开发环境和运行，同时通过编写一个简单的 HelloWorld 程序打开 Python 编程的大门。

1.2.1　Python 代码编写环境

扫一扫，看视频

集成开发环境（Integrated Development Environment，IDE）是用于提供程序开发环境的应用程序，也就是在程序开发中用于编写代码的软件。

一个功能强大的 IDE 不仅可以满足代码的编写，也可以提供其他功能的支持——类似于自动缩进、格式化、自动完成、高亮显示等。

需要注意的是，本书中编写的 Python 代码并非工程化的 Python 项目，对于算法的要求而言，简单的算法实例可以采用任何一种支持文本编辑功能的软件编写代码。也就是说，通过 Windows 提供的文本文档或者写字板就可以编写代码。

如图 1-3 所示，使用记事本编写了一句简单的打印输出代码。

```
print('Hello')
```

图 1-3　使用记事本编写代码

上述代码的意义是完成一行标准的字符串输出操作。执行上述代码，将在执行终端输出"'Hello'"字符串。

一般的 Python 代码文件是以后缀名".py"结尾的文件，新建的文本文档是以后缀名".txt"结尾的文本文件。通过重命名的方式对该文本文件进行命名，也可以直接在命令行中运行该文件。虽然 1-2-1.txt 不是标准的 Python 代码文件的命名样式，但是并不会影响代码的执行，如图 1-4 所示。

```
H:\book\python-book\python_book_2\src\1>python 1-2-1.txt
Hello
```

图 1-4　直接运行文本文件

 注意： 如果使用 Windows 系统，在文件名称中没有看到该文件的后缀名时，可以单击文件夹窗口左上角的"文件"按钮，在打开的对话框中单击"查看"选项卡，取消选中"隐藏已知文件类型的扩展名"复选框，如图 1-5 所示，设置显示文件的扩展名。

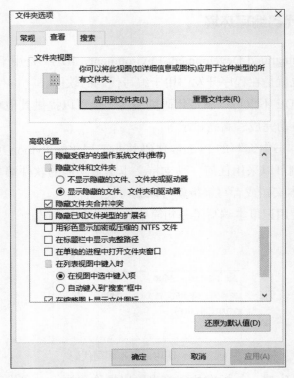

图 1-5   设置显示文件的扩展名

　　虽然使用记事本就可以编写 Python 代码，但是在实际开发中这种方式并不常用，一般仅是在没有开发环境或者远程调试时（Linux 中的 vi/vim 命令）使用。

　　这里推荐在开发环境中使用 IDE 进行代码的编写。目前最流行的两个功能强大的 IDE 是 JetBrains 公司的 PyCharm 和微软公司的 VS Code。这两种代码编写软件有各自的优缺点。严格来说，VS Code 更像是加强版本的代码编辑器，并不能完全算是 IDE，但是其拥有非常众多且流行好用的插件，安装插件后，其性能和易用性甚至超越了很多 IDE。不仅如此，VS Code 支持多种代码的编写，其体积小，而且在 Windows 系统中使用流畅，占用资源少，界面风格统一。

　　VS Code 的官网地址为 https://code.visualstudio.com/，其主页如图 1-6 所示，单击 Download for Windows 按钮可以下载 VS Code。

　　相对于 VS Code 的泛用性，PyCharm 只适用于进行 Python 代码开发，支持代码自动补全，这个功能在 VS Code 中需要用户自行安装插件才能完成。PyCharm 下载后安装即可使用，如果没有特殊需求，则不需要配置任何插件。和 VS Code 相比，PyCharm 占用的资源和启动速度没有优势。

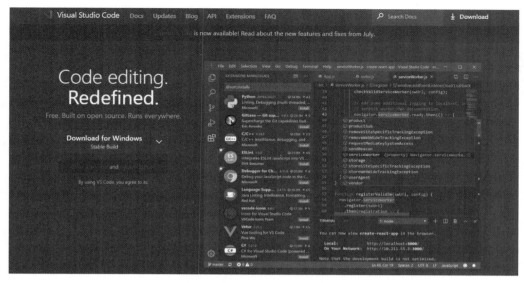

图 1-6　VS Code 官网主页

PyCharm 有社区版和专业版两个版本。PyCharm 的社区版免费，专业版收费，但是专业版的功能更多、更强大。如图 1-7 所示，单击不同版本下方的 Download 按钮，可以下载相应的文件。PyCharm 官网地址为 https://www.jetbrains.com/pycharm/download/#section=windows。

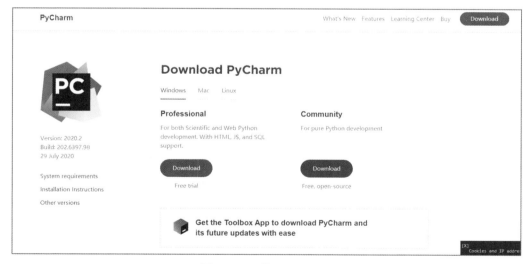

图 1-7　下载 PyCharm

本书中并不需要特定的开发环境，本书大部分的项目代码都采用单文件的形式编写，即使用简单的文本文档也可以完成。所以读者可以自行选择合适的开发环境和相关软件。

1.2.2　随时可用的开发环境

扫一扫，看视频

对于一般的开发文件而言，必须使用一台安装了相应运行环境的计算机或者通过终端进行远程连接，才能进行代码的编写。但是得益于 Python 的语言特性，很多相关编程网站中提供了 Python 代码适用的简单的在线解析器，在网页中输入 Python 代码会自动返回运行结果。

也就是说，Python 的代码开发可以随时随地进行，而且不受任何系统和智能终端的限制，只需要一台可以联网的设备即可。

在线解析网站将用户输入的代码上传至服务器，然后在服务器中（一般是独立沙箱环境中）运行，将最终结果返回给用户，并且显示在网页的界面中。

提供这类服务的网站非常多，如果需要，读者可以自行了解。需要注意的是，这类服务一般不支持界面开发，或者不支持需要安装一些模块才能运行的代码。

本书的大多数代码同样支持使用在线解析器运行。但是，本书仍然推荐使用本机环境进行 Python 代码的运行，这样不仅可以方便地编写和调试代码，也可以提高程序的运行效率。

> ⚠ **注意**：在线解析网站可能会保存用户上传的代码，请注意运行代码的内容是否安全。

不仅如此，如果读者拥有一部安卓手机，可以选择安装 QPython 来编写和运行 Python 代码，或者使用 Termux 这样的 Linux 模拟终端，该终端可以将手机仿真为 Linux 进行操作，既支持远程连接，也支持 Python 的安装和相应代码的运行。

1.2.3　Python 代码的缩进和注释

扫一扫，看视频

Python 语言和其他编程语言有很多不同点，其中最值得注意的是 Python 代码的缩进和注释。

对于一般的编程语言而言，采用"{}"符号进行代码块的划分，而格式缩进并不是非常重要的，因为执行编译的是计算机本身，机器并不会因为合适的缩进而提高执行速度。相反，大量的空格和空行会导致程序本身的体积较大，甚至影响程序的执行效率。

> ⚠ **注意**：这也是 JavaScript 这样的语言提供压缩功能的原因，通过去除注释和空格，并且将所有的代码压缩为一行，可以极大地减少客户端下载该 JavaScript 文件的时间，提高网页的访问速度。

但是，如果一段代码格式混乱且采用不同的缩进风格，程序的运行可能不会出现问题，但非常"反人性"，完全不具有可读性。

Python 采用强制缩进的方式进行代码的编写，抛弃了一般编程语言中采用的花括号的方式，直接通过缩进来控制代码的执行逻辑。

对于 Python 的代码缩进而言，可以用 4 个空格或者 Tab 键（制表符）来表现 Python 的代码块逻辑。需要注意的是，这两种方式不能同时出现在一个 Python 文件中。在最新的 PEP8 规范中，要求使用 4 个空格表示缩进。

如果是在 PyCharm 这样的 IDE 中进行 Python 代码的编写，就不会出现缩进不同的问题，PyCharm 会自动地统一缩进风格。

缩进在 Python 代码中至关重要。虽然错误的缩进方式无法通过代码执行前的格式检查，但是在某些情况下，一些格式正确的缩进会导致代码的执行逻辑不同，代码如下所示。

```python
# 代码段 1
if 2 < 3:
    print("2 小于 3")
else:
    print("2 大于 3")
    print(" 这个是错误 ")


# 代码段 2
if 2 < 3:
    print("2 小于 3")
else:
    print("2 大于 3")
# 缩进不同
print(" 这个是错误 ")
```

上述两段代码唯一的不同点在于，最后一行的代码缩进不同，代码的运行结果如图 1-8 所示。编译器只会检查缩进是否错误，不会理解该代码的具体逻辑，所以一定要注意编写 Python 代码时的缩进。

```
F:\anaconda\python.exe H:/book/python-book/python_book_2/src/1/1-2-3.py
2小于3
--------------------
2小于3
这个是错误

Process finished with exit code 0
```

图 1-8　不同缩进导致的不同结果

扫一扫，看视频

在编写 Python 代码时，需要注意的另外一点是 Python 中代码的注释。合理的注释可以帮助开发者迅速地了解代码的意义，增加可读性，所以在代码中增加注释非常重要。

在 Python 中，代码的注释是以"#"号开头的文字，这些内容不会被执行；多行注释可以采用单引号或双引号的形式，代码如下所示。

```
# 这个是单行注释
'''
多行注释
可以换行
'''
"""
多行注释
可以换行
不可混用
"""
```

1.2.4 第一个 Python 程序 HelloWorld 与运行

扫一扫，看视频

通常所有的编程语言都会从一个 HelloWorld 程序开始，这种习惯已然成为学习所有编程语言的惯例。本书也不例外，将以 HelloWorld 作为第一个实例进入 Python 代码的世界。

代码如下所示，这里需要在运行时获取一个值，定义为变量 text，并且在下一行代码中将该变量的内容输出。

```
# 获取用户的输入
text = input("请输入相关内容 \n")
print("Hello " + text)
```

代码的运行结果如图 1-9 所示。

```
H:\book\python-book\python_book_2\src\1>python 1-2-4.py
请输入相关内容
World
Hello World

H:\book\python-book\python_book_2\src\1>
```

图 1-9 输出 HelloWorld

上述代码中使用了 input() 函数，此函数的功能是从用户处获取一个输入值，并且赋给变量 text。小括号中包含的字符串实际上是传入 input() 函数的一个参数。在本书之后的学习中，也会使用这样的方式进行代码的整合。

1.3 小结和练习

1.3.1 小结

本章主要介绍了 Python 编程环境的搭建、开发环境，以及如何编写一个 Python 代码文件并且在本机运行。

本章不涉及具体的算法编程，但本章的内容是本书的基础，"合抱之木，生于毫末；九层之台，起于累土；千里之行，始于足下。"只有掌握了基础知识，才可以编写优秀的代码。

1.3.2 练习

为了更好地理解本章的内容，希望读者可以完成以下练习。

练习 1：在计算机中安装 Python 环境，并加入系统变量中。

练习 2：选择一款用于编写 Python 代码的开发软件，并且安装在系统中。

练习 3：编写 HelloWorld 程序，尝试输入其他文字，运行该程序。

第 2 章

Python 算法入门

本章介绍 Python 的基本语法和算法入门的一些基础知识。

扫一扫，看视频

📣 本章主要内容

- 什么是数据结构和算法。
- 算法中的概念与术语。
- 基本的算法思想和具体的思维逻辑。
- Python 的基本语法与逻辑语句。

⚙ 本章思维导图

2.1　什么是数据结构和算法

数据结构与算法是所有计算机和软件专业的基础学科的内容，也是编程中最重要的基础内容。不仅如此，任何一门与计算机相关的考试或者岗位面试都会问到数据结构与算法的相关知识点，所以充分了解数据结构与算法是非常重要的。

2.1.1　什么是数据结构

扫一扫，看视频

数据结构是计算机中数据存储、应用的基本方式，也就是数据与数据在计算机中关系的呈现方式。一般认为，数据结构分为两种不同的结构方式，其一是指数据的逻辑结构，指反映数据元素之间的逻辑关系的数据结构，其逻辑关系是指数据与数据之间的关联，以及数据读取的前后关系；其二是指数据的物理存储结构，指真实数据在物理计算机中的存储结构与方式。

这两种数据结构之间有相互联系的地方，同时也相互独立。例如，计算机中经常使用的树形结构，是类似于树枝一样的数据的逻辑结构。这种结构在计算机和现实生活中经常使用，树形结构的数据一般从树的根部开始，从最底层向上，由根部顺着每层的树干可以逐次找到该树位于该层的叶子。

 注意：树形结构的具体说明可以参考第 4 章的内容，这里仅简单地举例说明。

树形结构经常用到，例如生活中的家族树，又或者是计算机中常见的文件树，如图 2-1 所示。

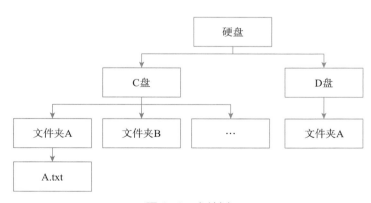

图 2-1　文件树

打开"我的电脑"窗口，可以看到计算机的盘符。需要注意的是，计算机中可能有多个盘符，但是在物理结构中可能只有一块硬盘，多个盘符是通过逻辑分区实现的。当然，也有可能一块物理意义上的硬盘就是一个盘符（类似 U 盘）。

其中众多的盘符就是数据的逻辑结构的体现，而具体的硬件设备就是数据的物理存储结构的体现，二者之间相互独立，但是相互依存。

文件树结构是指图 2-1 中的图形表现。如果想要找到 A.txt 这个文件，从根目录（硬盘）进入后，再进入 C 盘，接着进入文件夹 A，就可以发现 A.txt 文件。这种文件的存储方式是符合人类心理和行为的具体应用，而树形数据结构就是实现该功能的基础数据结构。

如果读者对数据结构有一些简单了解，就可以知道其实数据结构本身是一种虚拟关系的概念，通过这种关系的设计与应用，可以更好地处理数据。也就是说，数据结构本质上服务于计算机中数据的应用与处理。

在计算机中常见的数据结构如下所示。

- 数组：这是最基本的数据结构，也是最常用的数据结构，是由多个有相同特性的数据组合而成的。需要注意的是，数组一般存储在一组有联系的内存地址中，也就是顺序存储的物理结构。

- 栈：线性表的一种应用，数据操作具有"先进后出，后进先出"的特点，只能在线性表的一个固定端进行数据的操作。

- 队列：线性表的一种应用，数据操作具有"先进先出，后进后出"的特点，通过该线性表的两端进行数据的操作。其中，一端（队列头部）进行数据的删除操作，而另一端（队尾）进行数据的插入操作。

- 链表：一种顺序的数据结构，数据操作需要从链表的头部开始遍历，直到指定的数据节点或者链表结束。链表的特点在于，存储链表时不需要连续的物理地址，可以极大地利用零散的内存空间。链表能够利用不连续的物理地址存储数据，这是因为在链表的每个数据节点中不仅包含数据本身，还包括指向下一个数据节点的物理地址（指针），遍历时可以通过这个指针找到下一个数据节点，从而构成一个连续的链表结构。

- 树：非线性结构，不同的数据节点之间以树状连接，通过父节点可以找到其对应的子节点。

- 图：非线性结构，图并没有层级关系，而是相互连接的相邻关系。

- 散列表：也叫作哈希表（Hash 的音译），是指使用散列函数或者符合某种关系的数据集合，其可以使用不连续的存储空间，并且通过散列函数可以迅速地找到数据的存储位置。

2.1.2　算法的基本概念

扫一扫，看视频

算法是指解题方案的准确而完整的描述，算法代表用系统的方法描述解决问题的策略机制。

计算机中的数据在存储后，经过不同的数据结构整理后，形成了具有一定逻辑关系的数据，如何使用这些数据或者在处理这些数据时采用的方法就是计算机中的算法。

简单来说，可以将算法看作求解问题的具体过程。如图 2-2 所示，算法是指用一个特定的计算过程来实现输入数据与输出数据之间的关系。

图 2-2　算法

算法在生活实际中随处可见，这里的算法并不指代简单的加减乘除运算或者逻辑运算，而是特指计算机中用于检索、查询又或者是将事物根据某些规律进行排序、更新等操作的算法。

人们在生活中都会自然而然地使用算法。例如，在玩抽乌龟这种扑克牌游戏时，需要在自己的扑克中查看本轮抽取的牌的花色是否成对，如果是从左到右依次浏览，找到相应的花色将此牌插入，这种行为就是查找中的顺序查找算法，如图 2-3 所示。

图 2-3　扑克牌游戏中的查找

因为计算机的局限性，很多算法在实际生活中和计算机中的执行会有一些不同之处，但是大体的算法思想没有变化，甚至伴随着量子物理的发现及下一代计算机的出现，计算机中的算法将更加符合人类的思想逻辑。

算法的研究在数据和计算机中都是非常重要且热门的话题。如何在特定的数据结构中更快地找到需要的数据，又或者怎样能快速地排列数据，都是非常有趣的问题。这些问题的研究成果又会被应用在具体的业务场景中，例如，快递如何安排货运车和线路才是合理且成本最优的。

一个确切可行的算法应当具有以下特性。

- 有穷性（finiteness）：算法的执行步骤应当是有穷的。这里并不是指算法的执行步骤应当固定或者在确切的时间内结束，而是指算法不能无限地执行下去，必须有明确的终止度量。
- 确切性（definiteness）：算法的输入和输出需要有明确的定义，在执行过程中应当有确切的中间结果。对同样的输入数据进行相同的算法运算，最终应当输出相同的结果，或者结果不同但可以合理解释。算法需要数据的输入，算法应当输出与输入数据有关的数据，作为算法执行后返回的结果。
- 可行性（effectiveness）：算法执行应当具有可行性，且可以被分解为容易理解的基本操作步骤，这些步骤都可以在有限的时间内完成。

2.2　算法中常用的知识

本节介绍算法中涉及的一些专业概念和术语，同时说明算法中时间和空间的概念。对本书中或者在算法学习过程中可能遇到的数学知识进行简单介绍。

2.2.1　基本数学概念与术语

扫一扫，看视频

本书面向零基础的读者进行讲解，尽可能地减少书中涉及的数学知识，采用简单的语句和实例进行说明。但是，计算机算法和数据结构都是以数学为基础的学科，所以无法避免地会涉及数学中相关的符号和方法。

如果读者已了解这部分知识点或者毫无兴趣，可以暂且跳过本节，在学到具体的算法时再对照查看。

1. 求和公式

在数学的数列中经常可以看到求和公式。如果要对数列 $a_1, a_2, \cdots, a_{n-1}, a_n$ 求和，可以采用普通的四则运算的加法符号，公式如下：

$$a_1 + a_2 + \cdots + a_{n-1} + a_n$$

这在实际的数列运算中并没有意义，反而显得多余且烦琐，所以可以写成连加的形式，公式如下：

$$\sum_{k=1}^{n} a_k$$

其意义是 a_k 的加和，其中 k 从 1 开始，至上限 n 结束，这与上述四则运算公式的意义相同。

2. 极限的概念

在数学中，极限是一个非常重要的概念。极限可以分为数列极限和函数极限。虽然在计算机算法的实际应用中并不需要明确地计算出某个数列或者函数的极限，但是这种极限的思想非常重要。

通俗地理解，极限是指某个函数或者某个数列，在变化过程中（过程不能中断）逐渐趋近某个值，可以无限接近该值却永远不能等于该值。该值就是这个函数或者这个数列的极限。

例如，数列 $\left\{\dfrac{1}{n}\right\}$，当 n 趋于无穷大时，其存在极限。当 n 趋于无穷大（无穷大并非是一

个具体数字，可以理解为没有比之更大的数字）时，数列 $\left\{\dfrac{1}{n}\right\}$ 应当是越来越小，其值不断地

趋于 0，却永远无法等于 0。此时就称这个数列的极限为 0。

这种思想在算法中非常重要，甚至算法的时间复杂度就是通过极限的思想进行高度概括的。例如，同样的数据模型，在一般情况下，两种算法都可以完成这些数据的处理，而且算法 1 会快于算法 2，那么是否说明算法 1 优于算法 2 呢？

答案是：并不能确定两种算法中哪一种较为优秀。随着数据的增加，可能算法 1 需要的时间增速会远远超过算法 2 需要的时间增速，或者测试的数据结构本身适用于算法 1，所以在有限数据的前提下，并不能比较算法 1 和算法 2 的优劣。

但是将数据量的前提设定为无限大，考虑这种情况下算法的时间复杂度的极限，就可以比较出算法的优劣了。

 注意：算法的时间复杂度的概念可以参考 2.2.4 节的内容。

3. 大 O 标记

大 O 标记是用于描述算法的时间复杂度的符号，一般如下所示。

$$O(1)$$

这个标记在数学中意味着同价无穷小，一般代表无穷级数（尤其是渐近级数）的剩余项

的内容。在算法中它可以描述算法运行时间的渐进有限特征，也就是执行步骤的数量级。

大 O 标记并不代表算法的执行时间，而是一种宽泛的估计。通过算法的执行频率进行区分，只能认为两种算法的执行效率不同，并不能提供精确的时间值与具体的时间差距。

2.2.2 算法的实际应用

扫一扫，看视频

算法实际上是对数据的处理。在如今这个数据为王的时代，企业和组织掌握着大量的用户数据，如何处理这些数据达到应用的目的，就是目前算法的应用场景。算法的实际应用在生活中无处不在，这里列举一些应用方向和实例。

1. 人工智能及其机器学习方向

人工智能及其机器学习几乎是近几年最热门的项目，其低成本、高收益的方式让很多人竞相追逐，其中面对的问题就是对数据的处理和寻找合适的算法来优化人工智能及其机器学习的效率。

如果读者了解机器学习或者做过相关项目，就会知道机器学习本身是基于算法的。机器学习通过对数据的大量训练，获取一个通用模型，用于预测输入的其他数据。机器学习的本质是对算法的研究，当然这里的算法是指神经网络这样的数学模型，并非通过神经网络和数据训练后得到的参数。

2. 计算机识别、图像处理与机器视觉方向

任何图片或者视频在计算机中都是依靠二进制数字 0 和 1 表示的。人类可以通过复杂的视觉神经和大脑的处理获知图片的内容，但是计算机并不知道这张图片中究竟是猫还是老虎。

图像处理技术就是让计算机了解图片的内容。虽然不能准确地认为计算机知道图片的内容究竟是什么，但是可以完成不同图片的区分和识别等操作。

作为机器学习的数据来源，机器视觉、文字识别及自然语言处理也是非常热门的领域，虽然达不到机器学习的热度，但是这些领域都是人工智能不可或缺的一部分。随着越来越快的处理器的出现及网络和高清技术的发展，出现了大量相关的算法和处理技术。

3. 生物信息学

伴随着人类基因工程的发展，大量的测序结果在网络中被公开。生物学具有众多免费开源的基因数据库，对生命的认知是所有人都想追求的，计算机算法无疑将这项工作便捷化了。

和缓步不前的物理学、化学的发展相反，最近 20 年生物学的进步无疑是跨越式的，所以 21 世纪仍然是生物学的世纪。对于构成人类 30 亿个碱基对的序列，想要在其中找到规律，无疑需要复杂且专业的算法，同时需要大量的计算机和生物学的专业知识，无疑算法的应用

意义重大且前途光明。

4. 传统行业、经济学和电子商务

算法当然可以用于传统行业和电子商务的优化，如快递行业的运力优化，或者公司人力资源的优化，乃至投资行业的量化投资。可以想象，如果存在一个"万能公式"让投资公司可以永远盈利，结果很可能是颠覆性的。

在经济学中有一门课程"计量经济学"，就是将经济学现象进行量化，通过算法进行解释。如何把握投资和盈利的比例，又或者将现有的资源进行利益最大化，都可以借助算法进行优化。对制造业或者农业而言，算法也有很大的应用空间。

5. 城市建设和道路优化

针对城市与国家资源的建设，算法也有指导性的意义。如果知道人口资源的流向，自然可以通过算法进行城市交通、资源的优化。例如，每日乘坐地铁到达某站的人数大于一定的阈值，可以增加地铁的车次或者开通公交车等其他交通资源，以便缓解该站的交通压力。

在实际的数据处理中，当然不会简单地采用人数这个变量进行量化，需要考虑其他很多方面，如人口密度、交通阻塞程度、进站速度，乃至红绿灯的多少及时间是否特殊等多个方面的因素，而将这些因素进行整合后得到答案就是形成算法的过程。

不仅如此，在实际生活中算法的应用更加丰富而精彩，虽然在一个具体问题的解决中可能会出现很多候选解，但绝大多数的解并不能完全解决所有的问题。所以，如何找到一个真正的最优解就是算法需要持续研究和不断优化的原因。

2.2.3　算法的设计要求

算法的设计需要考虑很多方面，如算法的运行效率、算法占用的物理资源等。

扫一扫，看视频

在计算机诞生之初，第一台通用计算机埃尼阿克（ENIAC）如图 2-4 所示，长 30.48 米，宽 6 米，高 2.4 米，占地面积约 170 平方米，可以解决各种计算问题。其计算速度是每秒完成 5 000 次加法或 400 次乘法，是使用继电器运转的机电式计算机的 1 000 倍，是手工计算的20 万倍。

这台计算机同时只能执行一个任务。和人类发明的所有工具一样，计算机也是因为实际需要才问世的。埃尼阿克主要服务于美军的弹道计算，所有算法是通过手工计算后，使用6 000 余个开关进行输入操作，这也就意味着埃尼阿克的计算仅仅支持输入 6 000 多个 0 和 1的二进制数进行控制。

假设运行算法的计算机无限快且拥有永远不会用完的物理资源，算法的意义就不重要了，所有的计算都会在一瞬间完成。为什么还要使用烦琐的算法呢？这种情况下所有的算法都不

再有实际意义，采用最简单的方式就可以了。

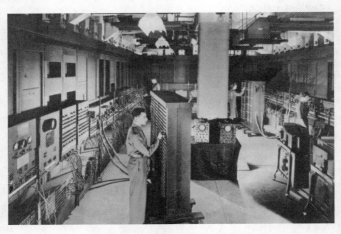

图 2-4　埃尼阿克计算机

同样，数据结构也不再重要。如果物理存储空间无限，则所有的数据可以采用线性方式存储，更无须考虑缓存分层或者散列等处理方式。

可惜的是，现实中的计算机并没有理想中那么优秀。1970 年 4 月，中国的第一颗人造卫星——东方红一号（见图 2-5）成功发射时，当时使用的是 717 计算机。该计算机的容量是 8 192 个单元，主频是 1MC，这在现在的计算机技术看起来简直无法想象。但就是这样的计算机，通过工作人员勤勤恳恳的工作，不断地优化卫星发射线路的算法，最终完成了东方红一号成功飞天这一壮举。同样，东方红一号中播放歌曲的存储器甚至放不下《东方红》全首曲子的旋律，仅选用了两小节的内容。

图 2-5　东方红一号人造卫星（备份）

现代的计算机甚至手机都远远超过了那个时代的计算机，采用多核高频处理器，8GB 以上的内存空间，固态硬盘（或者普通硬盘，更为廉价）。对于小规模的数据，并不用过分考虑算法的优化，但是这并不代表不需要考虑。对于大规模的数据，即使 1 万条数据计算的时间差距是 0.1 秒，100 万条数据计算也会产生 10 秒的差距。

 注意：要了解算法之间的差距，可以查看第 7 章的排序算法之间的时间差距。

同样，物理存储的速度及大小也对算法有所制约，这也是为什么安装了固态硬盘的计算机要比普通硬盘的计算机的开机与读取速度快的原因。在算法相同的情况下，不同的存储介质极大地影响到算法的执行效率。

现代的高级语言在开发时并不会非常注重算法。对于简单的排序或者查找操作，编程语言一般都提供了完善的功能，性能很可能优于程序员自行编写的方法。但是这对程序员而言，更是应当掌握的知识点。只有了解了算法和程序的运行机制，才能在编程语言本身发生一些问题时及时发现，并且能根据自己的需求对其进行加工、优化。

在严蔚敏、吴伟民编写的《数据结构（C 语言版）》中指出，一个"好"的算法应当达到以下目标。

（1）正确性：这里并非指完全的正确性，对于一些应用场景或者计算，很难得到完全正确的结果（例如，准确的 π 值），所以这里的正确性是指在现阶段中满足于需求的正确性。

（2）可读性：良好的代码可读性。

（3）健壮性：当输入数据非法时，应当适当地给予返回提示或者进行处理，而不会莫名其妙地返回结果。

（4）效率与低存储需求：优秀的时间复杂度和空间复杂度。

2.2.4　算法的时间复杂度

扫一扫，看视频

算法在不同计算机中的执行效率并不一致。不同性能的计算机对算法的执行所使用的时间的不一致，这表明使用时间单位进行算法的衡量是不合理的。

为了描述算法的运行速度，针对算法提出了时间复杂度的概念——一个描述处理规模为 n 的数据计算工作量的函数。

该时间复杂度认为是其重复执行操作的次数，也就是语句的频度，记为 $T(n)$。因为在同一台计算机中，处理相同规模的数据时，全部数据循环两次的算法的执行时间一定大于数据只重复一次的时间。

$$T(n) = O(f(n))$$

$T(n)$ 会随着问题规模 n 的增大而增大，认为算法执行时间的增长率和 $f(n)$ 的增长率相同，称 $O(f(n))$ 为算法的渐进时间复杂度，简称时间复杂度。

一般有以下几种不同的时间复杂度。

1. 常数时间复杂度——$O(1)$

常数时间复杂度是最常见的算法复杂度类型。所有直接对数据进行的操作都认为是时间复杂度 $O(1)$，算法运行的时间不会随着输入的增加而增加。

如下代码使用了一个包含数据 1~3 的数组，直接使用 print() 函数打印出 data 变量中第 0 位的数据，运行结果如图 2-6 所示。无论 data 变量有多长，该算法的执行效率都不会有影响。

```python
data = [1, 2, 3]
# 一次输出
print(data[0])
```

```
F:\anaconda\python.exe H:/book/python-book/python_book_2/src/2/2-2-4-0.py
1

Process finished with exit code 0
```

图 2-6　$O(1)$ 时间复杂度的操作

 注意：在计算机中，数组下标的取值都是从 0 开始的，也就是说，长度为 n 的一个数组，其最后一位数据对应的下标是 $n-1$。

2. 线性时间复杂度——$O(n)$

如果和输入的数据有关，且在任意 n 个数据的输入下，算法的运行时间和数据有线性关系，例如 $2n$、$n+c$，则认为符合该线性关系的算法的时间复杂度为 $O(n)$。

Python 代码如下所示，使用了一次 for 循环进行一个数组的遍历，逐一输出数组中的每个元素，其时间复杂度就是 $O(n)$。代码的运行结果如图 2-7 所示。

```python
data = [1, 2, 3]
# 一次循环输出
for i in data:
    print(i)
```

```
F:\anaconda\python.exe H:/book/python-book/python_book_2/src/2/2-2-4-1.py
1
2
3

Process finished with exit code 0
```

图 2-7 $O(n)$ 时间复杂度的操作

3. 对数时间复杂度——$O(\log n)$

对数时间复杂度是指随着输入数据的增加，算法运行所花费的时间和数据规模 n 有对数函数关系，即伴随着数据规模的增加，算法所花费的时间开始会增长得很快，最终趋近于某个极限，随即增长速度越来越慢，甚至可以忽略，对数曲线如图 2-8 所示。

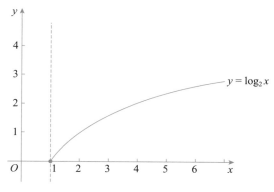

图 2-8 对数曲线

4. 线性对数时间复杂度——$O(n\log n)$

线性对数时间复杂度相当于 $O(n)$ 和 $O(\log n)$ 的集合，随着输入数据规模 n 的增长，算法的运行时间会迅速地增长，该涨幅远远超过了 $O(n)$ 或者 $O(\log n)$，但是优于阶乘时间复杂度 $O(n!)$ 和平方时间复杂度 $O(n^2)$。

5. 阶乘时间复杂度——$O(n!)$

阶乘是指所有小于及等于该数的正整数的积，并且 0 的阶乘为 1。自然数 n 的阶乘写作 $n!$。阶乘时间复杂度的公式如下所示。

$$O(n!) = O(n(n-1)(n-2)\cdots1)$$

伴随着数据量的增加，阶乘时间复杂度的算法的运行非常缓慢。一般只在某些暴力破解情况下会用到阶乘时间复杂度的算法。

6. 指数时间复杂度——$O(n^m)$

指数时间复杂度在算法中很常用，其中 $O(n^2)$ 在算法中最常见，也称作平方时间复杂度。虽然平方时间复杂度的算法并不是一类优秀的时间复杂度算法，但是这类算法简单易懂，类似的冒泡排序、插入排序都是平方时间复杂度的算法。

二维数组的遍历的时间复杂度同样也是平方时间复杂度，代码如下所示。

```python
data = [[1,2], [3,4], [5,6]]
# 两次循环输出
for i in data:
    for j in i:
        print(' 二维数组元素:%d' % (j))
```

这里使用两个 for 循环进行数组的循环输出，首先对 data 进行循环，得到第一个 i，该变量 i 的值为 [1,2]；然后对变量 i 进行循环输出，直至输出每个单一值。二维数组的输出结果如图 2-9 所示。

```
F:\anaconda\python.exe H:/book/python-book/python_book_2/src/2/2-2-4-2.py
二维数组元素:1
二维数组元素:2
二维数组元素:3
二维数组元素:4
二维数组元素:5
二维数组元素:6

Process finished with exit code 0
```

图 2-9　二维数组的输出结果

 注意：上述二维数组的循环输出，虽然实际的执行次数是 6 次（3×2），但是算法本身的时间复杂度的衡量并不代表代码实际的执行次数。因为算法不能确定输入数据的规模，所以该二维数组循环输出算法的时间复杂度仍然是 $O(n^2)$。

一般而言，常数时间复杂度是最佳的，但是复杂的算法很难达到这个时间复杂度。假设数据处于同一数据规模中，所有的时间复杂度的排序是：①常数时间复杂度；②对数时间复杂度；③线性时间复杂度；④线性对数时间复杂度；⑤平方时间复杂度；⑥阶乘时间复杂度。

2.2.5　算法的空间复杂度

扫一扫，看视频

在衡量算法的优劣时，除了需要考虑算法的执行效率（也就是时间复杂度）以外，还应当考虑算法的空间复杂度。空间复杂度是指算法在执行过程中需要的存储空间的度量，记作 $S(n)$。

$$S(n) = O(f(n))$$

在算法的执行过程中，除了原本用于存储需要读取的数据空间以外，可能需要一些临时的辅助空间进行数据的暂存、处理或计算等，这就是空间复杂度的衡量。如果在算法的运行过程中占用的空间仅取决于输入数据的空间，则认为该空间复杂度最优。

 注意： 在现代的计算机系统中，得益于大容量内存和外存的发展，计算机的存储空间变得廉价。相比算法的时间复杂度，算法的空间复杂度已经很少被人们提起。

当然这也是必然的，因为在高级语言的开发中，实际代码编译后或者在虚拟机中的执行过程对程序员是黑盒状态。如果开发者不了解该语言的编译原理，开发者很难注意到实际的空间使用情况。

2.3　基本算法思想

本节将介绍一些常见的算法思想，这些思想会指导所有算法的编写，而这些思想本身需要对算法有一定的理解和应用后才能明白。如果读者没有算法方面的基本认识，可以选择先略过本节内容。

所有的算法思想并非独立的，很多算法在具体实现时可能含有多种算法思想。

2.3.1　分治法

扫一扫，看视频

顾名思义，分治法就是"分而治之"的意思，将一个大的问题转化为多个小的问题，自顶向下地求解子问题，最终完整地解决所有问题。

这种思想的好处在于，可以进行复杂问题的划分，尽可能地将一个完整的大问题划分为多个单独的子问题。类似于"公司的管理"这个复杂的问题，先划分为不同的部门（子问题），在部门的基础上可能又细致地划分为项目组，这样每个团队负责一小部分内容，各自解决后最终合并为"公司的管理"这个复杂的问题。

分治法往往用到递归计算，例如分治法的一个典型应用——归并排序，将所有数据一分为二，通过递归将分类后的数据再次细分，分离为单个元素后进行排序归并，再依次将所有元素进行归并，最终组成完整的有序数列。

2.3.2　贪心法

扫一扫，看视频

　　贪心法又称为贪婪算法，是指在算法求解时采用当前最好的选择，也就是说，并不考虑整体最优，贪心法最终得到的输出结果其实是局部最优解。

　　使用贪心法作为算法思想编写的算法，很可能因为输入数据的顺序变化而返回不同的结果，这对贪心法而言是正确的，当前状态得到的结果并不会影响以后的状态得到的结果。贪心法经常用于很难整体考虑且复杂多变的场景中。

　　使用贪心法思想的算法很可能并不是一个非常完美的算法，这种算法思想实际上是对某些复杂情况的妥协，目的也并非是找到全局最优解，其目标是找到全部解决方法中较为优秀的解法。

　　贪心法的思想在现实生活中远远比一些复杂的算法更为常用。例如外卖的配送工作，如图 2-10 所示。配送人员并不知道自己将来接到的订单的配送地点是哪里，根据以往经验进行推算很明显是不合理的，而对当前所有的订单进行整体考虑也很难做到最优（在配送的途中可能会接到新的订单），所以一般会选择离自己地理位置最近的订单进行送餐，又或者选择时间即将到期的订单进行送餐。这种选择方式就是贪心法的一种表现。

图 2-10　外卖的配送工作

　　相对于为了考虑整体最优解而设计的复杂算法，贪心法来源于人类的心理意识，同样可以用于计算机世界中某些问题的求解。

2.3.3 回溯法

扫一扫，看视频

回溯法也是编写算法时经常用到的一种算法思想。其本身是一种选优搜索法，也称为试探法，按当前条件择优后进行搜索，如果到达某一步发现选择并不理想或者不能达到目的，则回退一步重新选择。

在使用回溯法的算法中，所有的选择路径都应当记录在内存中，回退的过程就是回溯法的要点所在。

回溯法的思想一般用于"小鼠迷宫寻径"或者经典的"八皇后问题"，例如"迷宫寻径问题"。在一个迷宫中，从起点开始，想要找到合适的路径到达终点，如果使用回溯法的思想，就应当记录所有迷宫存在岔路的路口，如果选择的第一条路是死路，则进行一次回溯，回退到最近的岔路口选择另一条岔路，如果该岔路依旧是死路且最近记录的岔路口已经没有其他的岔路，则进行两次回溯，到记录中的倒数第二个岔路口继续寻径，直到找出合适的路径，走出迷宫为止。

2.3.4 动态规划

扫一扫，看视频

动态规划是经常用到的一种算法思想，其本质和分治法类似，都是通过组合子问题的解来获取最终解。分治法是对所有的子问题进行划分，所有的子问题之间完全独立，进而递归地求得子问题的解。而动态规划直接自底向上计算，每个子问题都不是独立的，适用于子问题之间有重叠的情况。

动态规划算法适用于求最优化的问题，通过解决所有的子问题，将所有的解保存在表格中（理解为动态表格，如果出现了更优解，将会替换原有的值），最终获得一个最优解。

动态规划算法一般可以通过四个步骤来设计。

（1）描述一个最优解的结构特征。

（2）使用递归方式定义最优解的值。

（3）计算最优解的值，一般采用自底向上的方法。

（4）通过计算出的值构造一个最优解。

计算机网络中的路由表更新操作就是采用了动态规划的算法思想，路由表其实是在路由器与其他的互联网设备中存储的一个二维表，用来反映网络传输时的路径结构，是数据在网络中进行传输的关键。建立了路由表之后会不断地通过网络更新该二维表，设备与设备间的距离通过报文发送，最后路由器会通过更新动态路由的数据来获取最新的最短路径。

2.4　Python 算法中的基本语法

本节简单地介绍 Python 的基本句法和语法，作为编写算法的基础。同时，会介绍一个简单的方法，可以在之后的算法编写和测试时进行算法性能的估算。

2.4.1　条件判断语句

扫一扫，看视频

Python 中提供了条件判断语句，可以使用 if 语句进行条件的判断，控制程序的运行。条件判断的具体流程如图 2-11 所示。

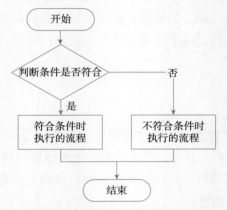

图 2-11　条件判断的具体流程

一个 if 语句可能包括 else 语句，用于表示当不符合 if 语句的条件时执行的代码逻辑，或者包括 elif 语句，用于多个条件的判断。具体的代码如下所示。

```
# if 语句
if 条件 1:
    print(" 符合条件 1")
elif 条件 2:
    print(" 符合条件 2")
else:
    print(" 不符合条件 1 和条件 2")
```

当符合 if 后跟随的条件 1 语句时，会执行 if 后面或者缩进块的相关逻辑，如果不符合条件 1，则会继续向下执行。如果该 if 语句包含 elif 语句，则会继续验证条件 2 是否符合。如果仍然不符合，则会继续向下执行，直到找到符合条件的 elif 语句，或者当 else 语句存在时，执行 else 语句后的代码块。最终完成整个条件判断的流程。

　　if 语句支持嵌套，也就是说，可以在一段代码中多次使用 if 语句，并且进行条件的嵌套，即在条件内部再次进行条件判断。如下代码中，需要用户输入一个数字，首先会判断用户的输入是否存在，再判断输入的内容是否符合条件。

```python
input = input(' 输入一个数字 \n')
if input:
    # if 语句的嵌套
    if int(input) < 5:
        print(" 输入的数字小于 5")
    elif int(input) < 10:
        # 因为不符合第一条 if 语句，所以数字应当是 [5,10)，即大于或者等于 5，小于 10 内的数字
        print(" 输入的数字小于 10，大于 5")
    else:
        print(" 输入的数字大于或等于 10")
else:
    print(" 输入的数字存在问题 ")
```

　　当用户不进行任何输入时，会直接执行第一个 if 语句对应的 else 语句的部分。当用户输入的值经过整数的转换，大于 5 而小于 10 时，会打印"输入的数字小于 10，大于 5"的提示，如图 2-12 所示。

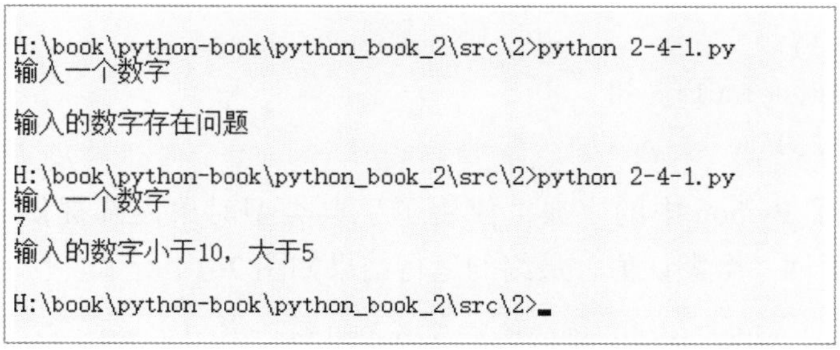

```
H:\book\python-book\python_book_2\src\2>python 2-4-1.py
输入一个数字

输入的数字存在问题

H:\book\python-book\python_book_2\src\2>python 2-4-1.py
输入一个数字
7
输入的数字小于10，大于5

H:\book\python-book\python_book_2\src\2>
```

图 2-12　输入数字的判断

　　在使用 if 语句时一定要注意，如果 if 语句存在多个条件的判断，其执行顺序是从上至下的。也就是说，如果同时符合一个 if 语句中的条件 1 和条件 2，但是条件 1 的语句早于条件 2，则该 if 语句只会执行条件 1 之后的内容，等待执行结束后，直接跳出该 if 判断语句，而不再进行条件 2 的判断。

　　上述代码中第一条 elif 语句，任何一个小于 5 的数字同样小于 10。在输入数字 4 时，运行结果如图 2-13 所示，并不会打印 elif 语句中的提示。

```
F:\anaconda\python.exe H:/book/python-book/python_book_2/src/2/2-4-1.py
输入一个数字
4
输入的数字小于5

Process finished with exit code 0
```

图 2-13　测试多个条件的判断的运行结果

如果读者曾经使用过其他语言进行代码的开发，一定非常熟悉 switch...case 这个用于多条件判断的语句，在很多语言中该语句的性能是优于使用 if 语句进行多条件判断的。在 Python 语言中并没有提供 switch...case 这个语句。实现 switch...case 语句，需要判断条件是可哈希且可比较的。Python 主要是为了追求灵活性，如果要实现完整的 switch...case 语句，其最终性能可能和使用 if 语句的多条件判断差不多，所以 Python 开发组认为没有必要使用 switch...case 语句。

Python 提供了字典这种数据类型，可以简单地自行实现 switch...case 语句，代码如下所示。

```python
# 编写一个 switch() 方法, x 指传递的参数
def switch(x):
    # 这里使用了 .get() 函数，该函数用于返回一个字典如果没有对应 key 时的默认值
    return {
        '1': ' 条件 1',
        '2': ' 条件 2',
    }.get(x,' 默认条件 ')


print(switch('1'))
# 打印默认值, 模拟 default 语句
print(switch('0'))
```

上述代码应用了 Python 中的字典，使用了字典类型对象内部提供的 get() 函数来模拟 default 语句，用于返回一个默认值，最终的运行结果如图 2-14 所示。

```
F:\anaconda\python.exe H:/book/python-book/python_book_2/src/2/2-4-1-1.py
条件1
默认条件

Process finished with exit code 0
```

图 2-14　模拟 switch...case 语句的运行结果

 注意: 在 Python 中虽然能使用字典完成 switch...case 语句的模拟，结合 lambda 表达式也可以对数据进行处理，但是这种方式并不符合 Python 灵活、简单、易懂的理念。因此没有必要编写这样的代码，使用 if 语句进行多条件判断已经完全足够。

2.4.2 循环语句

和 Python 中只提供一条 if 语句进行条件判断不同，Python 提供了 for 循环语句和 while 循环语句。还有 break、continue、pass 这三种循环控制语句。循环控制语句可以更改语句的执行顺序。

Python 中的 for 循环语句会在大量的算法中用到。for 循环语句的功能非常强大，可以遍历任何序列的项目，如一个列表或者一个字符串。例如 2.2.4 节中的 for 循环语句，这样设计极大地减少了需要编写的代码量，并且方便开发者理解。

```python
data = [1, 2, 3]
# 一次循环输出
for i in data:
    print(i)
```

同样，字符串也支持 for 循环语句，代码如下所示。

```python
data = " 这是一个字符串 "
# 一次循环输出
for i in data:
    print(i)
```

上述代码将该字符串的所有字符依次打印出来，如图 2-15 所示。

```
F:\anaconda\python.exe H:/book/python-book/python_book_2/src/2/2-4-2-1.py
这
是
一
个
字
符
串

Process finished with exit code 0
```

图 2-15　用 for 循环语句打印字符串的所有字符

在 C 语言中经常会出现如下所示的 for 循环语句，变量 i 从 0 到 10 变化，代码块中的代码共执行 10 次。

```c
int i;
// i=0~9 时，执行代码块；i=10 时，不符合条件，则跳出
for(i=0;i<10;i++){
// 代码块
```

```
}
```

Python 也可以实现上面的功能，这里需要借助一个 range() 函数，其本质是建立一个包含 0~9 数字的列表（数列），通过 for...in 语句进行循环输出，代码如下所示。

```
# 循环输出
for i in range(0,10):
    print(i)
```

for 循环语句的输出结果如图 2-16 所示。

```
F:\anaconda\python.exe H:/book/python-book/python_book_2/src/2/2-4-2-2.py
0
1
2
3
4
5
6
7
8
9

Process finished with exit code 0
```

图 2-16   for 循环语句的输出结果

实际上，在 Python 中实现 for 循环语句的本质就是迭代，使用的是迭代器（iterator）。所有可以迭代的类中都有 _iter_ 方法，用来返回一个迭代器，而 for 循环语句实现的就是通过可以迭代的对象获取其中包含的子对象。

在 Python 中进行循环，有时会用到 while 循环语句。while 循环语句同样支持添加 else 语句，当不符合判断条件时，可以进行其他代码的执行，如下所示。

```
# while 循环语句
while 条件 :
    # 符合条件执行的代码块
else :
    # 不符合条件时执行的代码块
```

while 循环语句的逻辑流程如图 2-17 所示。

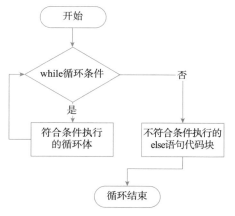

图 2-17　while 循环语句的逻辑流程

可以通过变量值的改变来控制 while 循环，代码如下所示。每次循环都会对变量 i 进行加 1 运算，最终不再符合 while 循环的条件时，会跳出循环。

```python
# while 循环
i = 0
while i < 10:
    print("i 的值 %d, 小于 10" % i)
    i = i + 1
else:
    print(" 跳出循环 ")
```

while 循环语句的输出结果如图 2-18 所示。

```
F:\anaconda\python.exe H:/book/python-book/python_book_2/src/2/2-4-2-3.py
i的值0, 小于10
i的值1, 小于10
i的值2, 小于10
i的值3, 小于10
i的值4, 小于10
i的值5, 小于10
i的值6, 小于10
i的值7, 小于10
i的值8, 小于10
i的值9, 小于10
跳出循环

Process finished with exit code 0
```

图 2-18　while 循环语句的输出结果

在 Python 中可以通过循环控制语句进行循环体的控制。Python 中支持的循环控制语句如表 2-1 所示。

表 2-1　循环控制语句

控制语句	描　　述
break	遇到该语句就无条件跳出循环体，不再执行循环体内 break 语句后面的任何代码
continue	在循环体内，遇到该语句会跳出本次循环，直接进行下一次循环
pass	无意义的空语句，其目的是保持 Python 的可读性和结构完整性，可以忽略

Python 中的循环语句同样支持嵌套，并且可以和逻辑判断语句进行嵌套。打印一份乘法口诀表，代码如下所示。

```python
print(" 乘法口诀表 ")
# 第一个 for 循环
# 循环被乘数
for item in range(1, 10):
    # 第二个 for 循环
    # 循环第几行需要的乘数
    for item1 in range(1, item + 1):
        # 构造算式
        s = str(item) + ' * ' + str(item1) + '='
        # 输出算式与最终运算的值，同时不允许使用 print 自带的换行
        print(s, item * item1, end=' ')
    # 打印换行符
    print('\n')
```

上述代码使用两层 for 循环语句进行乘法口诀表的打印，也就是说，其时间复杂度为 $O(n^2)$。程序的运行结果如图 2-19 所示。

```
F:\anaconda\python.exe H:/book/python-book/python_book_2/src/2/2-4-2-4.py
乘法口诀表
1 * 1= 1

2 * 1= 2 2 * 2= 4

3 * 1= 3 3 * 2= 6 3 * 3= 9

4 * 1= 4 4 * 2= 8 4 * 3= 12 4 * 4= 16

5 * 1= 5 5 * 2= 10 5 * 3= 15 5 * 4= 20 5 * 5= 25

6 * 1= 6 6 * 2= 12 6 * 3= 18 6 * 4= 24 6 * 5= 30 6 * 6= 36

7 * 1= 7 7 * 2= 14 7 * 3= 21 7 * 4= 28 7 * 5= 35 7 * 6= 42 7 * 7= 49

8 * 1= 8 8 * 2= 16 8 * 3= 24 8 * 4= 32 8 * 5= 40 8 * 6= 48 8 * 7= 56 8 * 8= 64

9 * 1= 9 9 * 2= 18 9 * 3= 27 9 * 4= 36 9 * 5= 45 9 * 6= 54 9 * 7= 63 9 * 8= 72 9 * 9= 81


Process finished with exit code 0
```

图 2-19　乘法口诀表

2.4.3　运行时间的度量

在算法的开发中，绝对时间并不能衡量一个算法的优劣。相同的算法和相同的数据规模，在不同的计算机中的运行速度也会不一致。但是程序运行时间的长短依旧是算法运行过程中最为直观的一种表现。

为了让读者可以明确地认识不同算法在处理相同数据时的差别，本书中会增加一个简单的运行时间作为代码的附加内容，作为算法的性能分析中的参考内容。

Python 中的性能分析器非常多，这里使用 Python 自带的 cProfile 作为算法的性能分析工具。cProfile 从 Python 2.5 版本开始就是标准版 Python 解释器中默认的性能分析器，其提供了一组 API 帮助开发者收集 Python 程序运行时的资源消耗，且本身占用的资源非常少，所以在进行大型算法的运算时可以忽略。

cProfile 模块需要使用 import 方式引入。使用 cProfile 的方式非常多，本书采用最简单的方式：编写一个模板的 Python 文件，所有的算法均在该模板中执行。该模板的代码如下所示。

```python
# Python 性能分析
import cProfile


def myFun():
    # 需要执行的全部代码
    pass


cProfile.run('myFun()')
```

可以尝试使用 for 循环完成一个小算法的编写，这里循环 1~100 000 中的全部数字，如果该数字可以被 3 整除，则将计数器加 1，最终打印输出满足该条件的数字有多少个。完整的代码如下所示。

```python
# Python 性能分析
import cProfile


def myFun():
    # 需要执行的全部代码
    num = 0
    # for 循环
    for i in range(1, 100000):
        if i % 3 == 0:
```

```
        num = num + 1
    print(" 总共可以被 3 整除的数字有 %d 个 " % num)


cProfile.run('myFun()')
```

在执行该代码时，会判断当前数字是否可以被 3 整除（取模运算的结果为 0），如果计算出结果，则总数加 1，输出结果中会包含算法的总执行时间及调取的函数等信息，如图 2-20 所示。

```
F:\anaconda\python.exe H:/book/python-book/python_book_2/src/2/2-4-3.py
总共可以被3整除的数字有33333个
        5 function calls in 0.007 seconds

   Ordered by: standard name

   ncalls  tottime  percall  cumtime  percall filename:lineno(function)
        1    0.007    0.007    0.007    0.007 2-4-3.py:5(myFun)
        1    0.000    0.000    0.007    0.007 <string>:1(<module>)
        1    0.000    0.000    0.007    0.007 {built-in method builtins.exec}
        1    0.000    0.000    0.000    0.000 {built-in method builtins.print}
        1    0.000    0.000    0.000    0.000 {method 'disable' of '_lsprof.Profiler' objects}


Process finished with exit code 0
```

图 2-20　Python 性能分析模板的输出结果

2.5　小结、习题和练习

2.5.1　小结

本章主要介绍了算法和数据结构的概念，以及算法的设计要求等内容，并且详细介绍了分治法、贪心法、回溯法及动态规划的算法思想。虽然暂时没有编写相关的算法，但是了解这些算法思想可以更好地理解算法的设计思路。

同时，本章详细介绍了算法的时间复杂度和空间复杂度。时间复杂度在算法的性能分析中非常重要，甚至在实际编程要求中常常会规定算法的时间复杂度和空间复杂度，以达到优化算法的目的。

本章还对 Python 中会用到的基本语法和句法进行了举例和说明。

本书并不是一本专门用于 Python 教学的书籍，所以并没有对基础语法、数据类型进行详细讲解和说明。如果读者需要了解这方面的知识，可以参考 Python 官方文档，其地址为 https://docs.python.org/3/，可以在该地址中找到相应的文档。

2.5.2 习题和练习

为了更好地理解本章的内容，希望读者可以完成以下习题与相关练习。

习题 1：比较 $O(n)$、$O(\log n)$、$O(n^2)$ 这三种时间复杂度的优劣。

习题 2：采用分治法描述，将一副非顺序扑克按花色和大小进行排序的整体思路。

习题 3：如今为什么软件越来越臃肿且运行缓慢？应当如何优化？

练习 1：学习 Python 编程语言，并且尝试使用 cProfile 模块。

练习 2：了解 Python 中函数的概念，并且熟练地掌握循环语句和条件判断语句。

练习 3：了解基本的数据结构，以及算法的概念和时间复杂度。

第 3 章

Python 中的数据结构

本章介绍如何使用 Python 实现基础的数据结构。和其他的编程语言相比，Python 中自带的数据类型更加丰富。

本章主要内容

- Python 中的各种数据类型。
- 数据结构中的顺序表结构是怎样的，并且使用 Python 进行实现。
- 链表结构和相关数据的增加与删除操作。
- 队列与栈数据结构的实现与相关应用。
- 哈希表的定义和相关应用。

本章思维导图

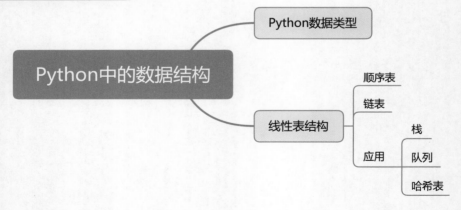

3.1 Python中的数据类型

本节介绍 Python 中的基本数据类型。使用 Python 中的这些数据类型，可以方便地实现算法和数据结构。

和大多数的强类型语言一样，Python 中的变量在创建时就应当指定该变量的类型。创建一个变量，意味着会在内存中开辟一块空间进行数据的存储。如果不指定变量的类型，则在变量的数据更新或者使用时可能出现一些奇怪的问题。

扫一扫，看视频

例如，以下代码中指定两个变量相加，两个变量分别对应字符串和整型数字，在 Python 中会出现如图 3-1 所示的错误。

```python
intNum = 100
stringNum = '100'
# 加和操作
intNum + stringNum
```

```
F:\anaconda\python.exe H:/book/python-book/python_book_2/src/3/3-1-1.py
Traceback (most recent call last):
  File "H:/book/python-book/python_book_2/src/3/3-1-1.py", line 4, in <module>
    intNum + stringNum
TypeError: unsupported operand type(s) for +: 'int' and 'str'

Process finished with exit code 1
```

图 3-1　变量的类型不同时出现错误

 注意：一些弱类型的语言，比如 JavaScript，并不会指定变量的类型，字符串和数字同样可以进行相加。在 JavaScript 中类似上方的代码会成功运行，最终结果为字符串 100100。如果需要的结果为整型数字 200，则在之后的代码运行过程中可能会出现一些不可预知的错误。

Python 中的常见数据类型有 6 种，分别是 Number（数字）、String（字符串）、List（列表）、Tuple（元组）、Dictionary（字典）、Set（集合）。

1. 数字

Number 数据类型是 Python 中特有的数据类型，用于存储数字。为了开发时的便捷性，Python 中的数字并不分为整型（int）、浮点型（float）、长浮点型（long float）等类型，所有的数字变量都是 Number 数据类型。但是整型、浮点型和长浮点型这些数据类型在 Python 中是存在的，Python 会自动进行转换。

如下代码所示，当 Number 对象是整数时，使用 type() 函数打印变量类型，会返回 int 类型；当 Number 对象是浮点数时，会返回 float 类型。

```
intNum = 100
# 整数 + 浮点数
intNum2=intNum+1.1
print(intNum2)
# 打印类型
print(type(intNum))
print(type(intNum2))
```

运行结果如图 3-2 所示。

```
F:\anaconda\python.exe H:/book/python-book/python_book_2/src/3/3-1-1-1.py
101.1
<class 'int'>
<class 'float'>

Process finished with exit code 0
```

图 3-2　Number 数据类型的加和结果

整数和浮点数进行加和，在 Python 中属于 Number 数据类型的加和，并不会出现错误，得到的结果也是预想的结果。使用 type() 函数打印变量类型，会发现变量类型发生了自动变更。

2. 字符串

Python 中的字符串和其他语言中的字符串并无太大差别，字符串用于存储一系列字符的合集。Python 中的字符串支持迭代器，使用 for...in 循环语句可以直接取得字符串的内容。

不仅如此，Python 中的字符串还支持用字符的下标取值，可以用"[]"符号进行字符串的截取，代码如下所示。

```
text = '这是一个字符串'
# 截取字符串
print(text[2:5])
```

上述代码的运行结果如图 3-3 所示。

```
F:\anaconda\python.exe H:/book/python-book/python_book_2/src/3/3-1-1-2.py
一个字

Process finished with exit code 0
```

图 3-3　用"[]"符号截取字符串

3. 列表

列表是 Python 中最常见的基本数据结构之一，和其他语言中的数列类似。不同的是，在 Python 的列表中可以存放任何的其他数据类型，这意味着可以通过列表之间的嵌套生成一个二维数字矩阵或者存放同一类型的任何数据。

在 Python 中，列表有以下特征。

（1）列表是任意一组类型的数据的集合，按照一定顺序组合而成。

（2）列表支持迭代，并且支持用下标的偏移进行数据的读取，数据的索引从 0 开始，长度为 n 的列表中，最后一个元素的索引是 $n-1$。

（3）列表可变长度，且支持进行任意的嵌套、合并、切片等操作，这些操作都会更改列表本身的值。

（4）列表可以当作普通的数组使用。在 Python 变量的定义中，对列表对象的赋值是对该内存引用的复制，而非复制内存中的列表本身。可以通过深拷贝进行列表的赋值。

Python 中提供了非常多的针对列表的内置方法与函数，列表支持迭代的特性也使得通过列表进行取值非常简单。

列表的常用函数与方法如以下代码所示。

```python
list = [1, 2, 3, 4]
# 队尾添加
list.append(999)
# 列表修改
list[0] = 0
# 列表合并
list = list + list
# 打印列表长度
print(len(list))
# 打印最小 / 最大元素
print(' 最小元素是 %d, 最大元素是 %d' % (min(list), max(list)))
# 查找索引
print(list.index(2))
# 弹出元素（默认是最后一个（用栈实现），可以指定）
list.remove(3)
# 输出最终列表
print(list)
```

上述代码的运行结果如图 3-4 所示。

```
F:\anaconda\python.exe H:/book/python-book/python_book_2/src/3/3-1-2.py
10
最小元素是0, 最大元素是999
[0, 2, 4, 999, 0, 2, 3, 4, 999]

Process finished with exit code 0
```

图 3-4   列表的常用函数与方法的运行结果

4. 元组

Python 中的元组与列表类似，不同之处在于，元组的元素不能修改。元组使用小括号进行标识，如以下代码所示。

```
# 元组
tup=(1,2,3,4)
```

在 Python 中，元组和列表的用法几乎一致，元组可以直接转换为列表使用。元组和列表的最大区别是，元组不允许修改，这意味着在大多数代码中，元组不需要考虑数据的修改，以及列表复制后因修改而可能出现的问题。

得益于元组不能修改这个特性，如果使用元组进行代码的编写，可以让代码更加安全且资源的消耗更少，存储空间的占用也会较少。

5. 字典

字典是另一种非常常用的容器模型。和列表一样，字典可以存储各种不同类型的数据。和列表不同的是，字典采用键值对的形式进行存储，每个键值对使用冒号 ":" 进行分隔，通过该键可以获得对应的值。

基本的字典类型如以下代码所示。

```
dic={'key':'value'}
print(dic['key'])
```

在使用字典类型时需要注意，字典中的键是不可以更改的，也就是说，只能通过该键修改其对应的值，而不能通过该值修改其键名。虽然键是不可以更改的，但是字典类型支持删除后再添加。

同样，一个键对应的值只支持一次赋值。如果对某个键名对应的值进行了两次赋值，则只会保留最后赋值的数据。

字典结构一般有以下特点。

（1）字典是对象的引用表，其键名不能改变，而且列表不能作为键。

（2）字典使用键来获取值，而不是采用偏移量来获取数据。字典本身也支持 Python 中的迭代器，所以可以用 for...in 循环语句进行输出。

（3）字典是对象的无序集合，在插入和查找操作时速度极快，时间复杂度不会随着键值的增加而增加，但是内存占用大。

 注意： 字典类型的实现，在 Python 中是采用哈希表（Hash table，也叫散列表）的形式。采用哈希表实现的数据结构，虽然占用的内存较大，但是可以快速地查找数据，其原理会在 3.4 节说明。

字典常用的方法和函数如下所示。

```python
# 字典
dic = {'key': "value"}
# 添加数据
dic['key2'] = 'value2'
# 长度
print(len(dic))
# 获取字典的值（默认）
print(dic.get('key3', 'default'))
# 返回迭代器
print(dic.keys())
print(dic.values())
```

上述代码的运行结果如图 3-5 所示。

```
F:\anaconda\python.exe H:/book/python-book/python_book_2/src/3/3-1-4.py
2
default
dict_keys(['key', 'key2'])
dict_values(['value', 'value2'])

Process finished with exit code 0
```

图 3-5　字典常用的方法与函数的运行结果

 注意： 在实际的项目开发中，经常使用字典进行数据的查询和存储，在数据的传输过程中 Json 类型的字符串和字典可以直接转换。本书中重要讲解的是算法和数据结构，会较少采用字典这种数据类型。

6. 集合

Python 中的集合和字典相似，采用"{}"进行数据内容的包裹，不同之处在于，Python 的集合中不允许存放键值对，只支持存放一系列的键。

集合和列表不同的是，该数据类型中不允许存放重复的内容，和字典结构一致，其中的键只允许出现一次。如果集合中包含重复的数据，则会自动过滤。也就是说，如果使用的列表要求去除重复数据，可以直接使用集合进行操作，代码如下所示。

```python
# 具有重复数据的列表
list = [1, 2, 3, 4, 5, 5, 4, 3, 2, 1]
print(list)
# 使用 set() 进行转换，去重
# 保留第一次出现的元素
print(set(list))
```

上述代码的运行效果如图 3-6 所示。

```
F:\anaconda\python.exe H:/book/python-book/python_book_2/src/3/3-1-5.py
[1, 2, 3, 4, 5, 5, 4, 3, 2, 1]
{1, 2, 3, 4, 5}

Process finished with exit code 0
```

图 3-6　使用集合去除列表中的重复数据

3.2　Python中线性表的实现

线性表是数据结构中最常见的一种。在 Python 中很多数据结构都和线性表有关，例如列表结构就是通过线性表实现的。本节介绍具体的线性表的原理和实现，主要包括顺序表和链表两种类型。

3.2.1　线性表的定义

扫一扫，看视频

线性表是数据结构中最简单的一种，也是最常用且最直观的一种数据结构，类似于一个有序的数据元素的集合，也就是 Python 中列表的概念。线性表是元素间约束力最强的一种数据类型。

线性表可以理解为一个呈线性的有序的数据元素的集合，通过第一个数据元素可以找到第二个数据元素，每个数据元素对应一个下标。线性表的所有数据元素都有其前驱和后驱（除了第一个数据元素和最后一个数据元素）。需要注意的是，在线性表中存储的数据元素并不一定是数字。

现实生活中很多相关的结构都是线性的。例如，26 个英文字母表或者数学中基本的数列都是线性表的具体实现。

在计算机中也会经常使用线性结构，如文件或者数据库的存储。文件中的所有内容都是有顺序和特定意义的，所以可以采用线性结构进行存储。同样，对于数据库中的内容，每一条数据都是相同的结构且有顺序，其本身也可以看作是线性表的应用。

当线性表的长度为 0 时，认为其是空表；如果线性表中的元素个数超过 1，则认为该线性表中包含数据。

对于线性表，需要实现数据的插入及删除等操作，同时保证线性表的长度可变，而且应当可以对线性表中的所有数据进行访问。

在线性表的实现中，可以采用两种存储结构：顺序存储结构（顺序表）和链式存储结构（链表）。

3.2.2　实例：Python 中顺序表的实现

顺序表是指线性表结构的顺序实现，也就是将所有的数据存放在同一块内存中，这些数据本身在物理层面是相连的，头部是内存区域的第一个数据元素，尾部是内存区域的最后一个数据元素。

Python 中的顺序表将所有的数据保存在一块连续的内存中，通过第一个元素的物理地址可以找到之后元素的物理地址，其基本结构如图 3-7 所示。

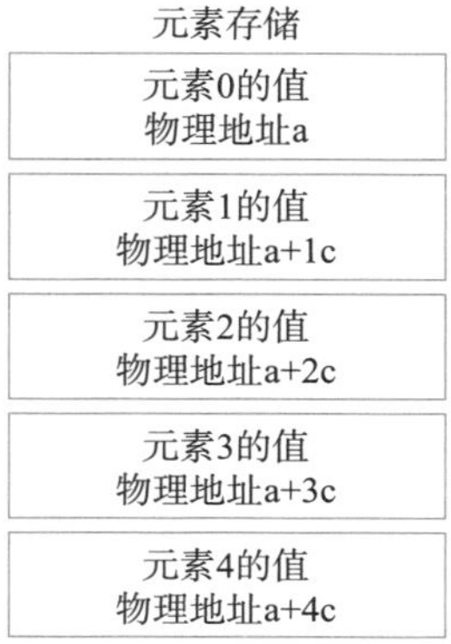

Python 中的列表结构及元组结构都是采用顺序表实现的。当然，这两种数据结构的实现方式并不是整体采用顺序表，而是在顺序表中存储了其数据的存放地址，最终实现的是动态顺序表。

在使用 Python 进行顺序表的实现时，只是通过 Python 模拟顺序表，而不是类似于 C 语言在内存中完成顺序表。

本书中的列表数据结构将采用类的方式实现。

元素存储

| 元素0的值
物理地址a |
| 元素1的值
物理地址a+1c |
| 元素2的值
物理地址a+2c |
| 元素3的值
物理地址a+3c |
| 元素4的值
物理地址a+4c |

图 3-7　顺序表的基本结构

```python
class SeqList(object):
    def _init_(self, max=10):
        self.max = max                 # 创建时元素个数默认为 10
```

```
        self.num = 0
        # 在所有的数列中填充 None
        self.data = [None] * self.max
```

首先需要定义列表的属性。为了方便使用列表，在列表对象中设定 max 属性为列表中的值，num 属性为列表中当前元素的个数。

在创建列表时，元素个数为 0，能存储的最大个数需要传入参数确定。如果不指定列表的长度，则默认最多能存储的元素个数为 10，并且使用 None 初始化所有的列表空位。在删除数据元素时，也会将该元素重置为 None。

在列表类中应当提供几个基本函数，对列表末尾的数据实现增加、删除、插入等操作，其中获取某个元素的值及在末尾增加一个数据的基本代码如下所示。

```
# 获取某个元素的值
def get_item(self, key):
    if 0 <= key < self.num:
        return self.data[key]
    else:
        raise Exception(' 超出索引 ')


# 在末尾加入数据
def append(self, value):
    # 当前列表已满
    # 需要注意的是，第 num 个元素的长度应当是 num+1
    if self.num == self.max:
        self.data[self.num] = value
        # 超出了最大长度，进行加 1 操作
        self.num = self.num + 1
        self.max = self.max + 1
    else:
        self.data[self.num] = value
        self.num = self.num + 1
```

如果需要在现有数据中插入新的数据，则需要将该数据之后的所有数据进行一次位移后再插入，如图 3-8 所示。

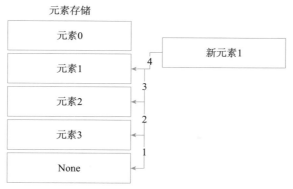

图 3-8　在列表中插入数据

在列表中插入数据的代码如下所示。

```python
# 插入数据
def insert(self, key, value):
    # key 如果大于等于 num，默认在尾部插入
    if key >= self.num:
        self.append(value)
    else:
        # 使用循环语句将所有的元素后移，移动从最后一位开始
        # for 循环从大到小，步进为 -1
        for i in range(self.num, key, -1):
            self.data[i] = self.data[i -1]
        # 直接更改第 key 位的值
        self.data[key] = value
        self.num = self.num + 1
```

同样，数据的删除也应当将所有的数据进行一次前移，通过将最后一个元素重置为 None 来实现，如图 3-9 所示。这种需要循环一次的操作，其时间复杂度都是 $O(n)$。

图 3-9　在列表中删除数据

在列表中删除数据的代码如下所示。

```python
# 删除元素的操作
def pop(self, key=-1):
    if self.num <= 0:
        raise Exception(" 列表已经为空 ")
    elif key == -1:
        # 默认删除最后一个元素（这里重置为 None）
        self.data[self.num - 1] = None
        self.num = self.num - 1
    else:
        # 循环语句，将之后的元素前移
        for i in range(key, self.num - 1):
            self.data[i] = self.data[i + 1]
        self.data[self.num - 1] = None
        self.num = self.num - 1
```

在列表数据结构中，如果需要在已有的数据基础上进行插入或者删除操作，一定需要注意对原有数据的保留。

可以通过以下代码进行列表类的创建和测试。

```python
if _name_ == "_main_":
    # 创建列表
    l = SeqList()
    # 打印当前列表中的值
    print(' 初始化列表 ')
    print(l.data)
    # 推入元素
    l.append(1)
    l.append(2)
    l.append(3)
    # 打印当前列表中的值
    print(' 推入数字元素后 ')
    print(l.data)
    # 插入元素
    l.insert(2, 4)
    # 打印当前列表中的值
```

```
print(' 插入元素后 ')
print(l.data)
# 删除元素
l.pop(0)
# 打印当前列表中的值
print(' 删除元素 ')
print(l.data)
```

运行结果如图 3-10 所示。

```
F:\anaconda\python.exe H:/book/python-book/python_book_2/src/3/3-2-2.py
初始化列表
[None, None, None, None, None, None, None, None, None, None]
推入数字元素后
[1, 2, 3, None, None, None, None, None, None, None]
插入元素后
[1, 2, 4, 3, None, None, None, None, None, None]
删除元素
[2, 4, 3, None, None, None, None, None, None, None]

Process finished with exit code 0
```

图 3-10 列表数据结构的测试结果

注意： 本书中的所有数据结构与算法，在实现时均只考虑数据结构的概念，而不考虑实际在内存中的存储和执行。这是因为 Python 这种高级语言已经对底层进行了封装，很多特性和具体的执行过程对开发者而言都是处于黑盒状态。本书使用 Python 描述算法的目的是讲解数据结构和算法的相关知识点，而并不是重复地"造轮子"。

3.2.3 实例：Python 中链表的实现

扫一扫，看视频

对线性表的另外一种实现是通过链表进行创建和操作。链表和顺序表最大的不同在于，链表可以不使用一块完整的内存来存储数据，而是在所有的内存中存储该列表中的数据，通过节点中保存的下一个节点的地址进行链表的下一个节点的寻址操作。也就是说，在链表实现的线性表结构中，只需要知道第一个节点，就可以找到该链表的全部节点。

链表的基本结构如图 3-11 所示。

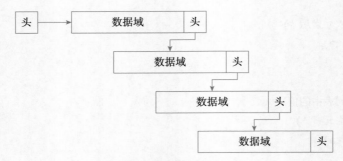

图 3-11　链表的基本结构

　　链表的特点是可以使用一组任意的存储单元进行数据的存储，这些单元可以是物理连续的或者不连续的。为了方便地找到下一个节点的地址，需要在节点中存储后继节点的信息，也就是图 3-11 所示的节点间的关系。

　　正是因为这样，在链式存储的线性表中，存储的所有数据都应当顺序取值，从头指针进行访问，而该线性表末尾的数据元素应当是头部不指向任何其他节点的数据元素。

　　在 C 语言中，节点分为数据域和指针域，节点的指针域存储的就是下一个节点的指针，也就是下一个节点所在的内存地址。

　　首先需要实现数据的节点类，其代码如下所示。

```python
# 节点的定义
class Node(object):
    def _init_(self, data):
        self.data = data
        self.next = None
```

　　在节点中包含一个 data 作为数据域，next 属性保存下一个节点的引用。在 Python 中，可以通过 id 获取保存变量的内存地址，但是获取实际存储的值比较麻烦，所以这里采用对象引用的方式进行数据节点的定义。

　　接下来创建链表类。一般而言，会在创建链表时默认初始化一个空的头节点，这样就可以在已知头节点的情况下，在之后增加其他的节点，也便于查找和操作。

```python
# 链表的实现
class LinkList(object):
    def _init_(self):
        # 需要初始化头节点，方便后续操作
        self.head = None
        # 存储当前访问的临时节点
        self.cur = None
```

在上述代码中，链表的 head 属性代表该链表的头部节点，也是初始化时的唯一节点，cur 属性用来存储当前访问的节点，作为临时变量，该节点会在执行完任何一个操作后重置为 head 属性所指的第一个节点。

 注意：cur 属性并不是链表数据结构中的必需属性，是为了之后的代码编写方便而引入的一个属性，也可以用普通变量代替，只是保存了当前访问的节点，是一个中间变量。

上述代码实现的链表是一个单向链表，实际应用中还存在双向链表和循环链表两种数据结构。

双向链表中存在两个存放节点地址的域，除了一个指向后继节点的 next 属性，还有一个指向前置节点的 before 属性，如以下代码所示。

```
# 节点的定义
class Node(object):
    def _init_(self, data):
        self.data = data
        self.next = None
        self.before = None
```

使用双向链表的优点是，每次取数据和对数据的操作不需要从头节点开始进行一次循环操作，而且对于寻找相关联的数据更加方便，例如，获取某个值所在目标节点之前的一个值；缺点是，相对于单向链表占用了更多的空间。

对于循环链表而言，是指最后一个节点数据中的 next 属性存放的是第一个节点的地址，这样使得整个链表可以循环取值，也省略了每次从头节点进行取值的操作；缺点是，需要标识出开始／结束循环时的节点位置，否则将永远循环下去，没有止境。

3.2.4 实例：链表的相关操作

在链表结构中还是实现在末尾增加数据、插入数据、删除数据这三个基本操作。为了直观地查看数据的变化，这里编写一个辅助方法 get_item(self)，用来打印当前链表中所有节点的数据内容，如以下代码所示。

```
# 获取链表的数据内容
def get_item(self):
    if self.cur is None:
```

```
        print(" 当前链表为空 ")
    else:
        print(" 链表元素是 ")
        while self.cur is not None:
            print(self.cur.data)
            self.cur = self.cur.next
        print(" 链表打印完毕 ")
    self.resetCur()
```

为了保证每一次节点的数据操作都会重置链表中的 cur 属性（当前访问的节点），这里编写了一个 resetCur() 方法，用于重置该节点中的值，代码如下所示。

```
# 重置中间变量
def resetCur(self):
    self.cur = self.head
```

首先需要实现的是在链表的尾部增加数据。分为两种情况，如果整个链表处于空的状态，只需要直接在 head 属性上增加一个 Node 对象就可以实现；如果当前链表不为空，则通过循环到达最后一个节点时，需要在其 next 属性后增加新的 Node 对象，代码如下所示。

```
# 在末尾加入数据
def append(self, value):
    if self.head is None:
        self.head = Node(value)
        self.cur = self.head
    else:
        while self.cur.next is not None:
            print(self.cur.next)
            self.cur = self.cur.next
        else:
            self.cur.next = Node(value)
    self.resetCur()
```

需要注意的是，在 Python 中传递的并不是对象本身，而是存放对象的地址，所以对 self.cur 进行修改会导致 self.head 中的数据发生改变。

在链表中插入数据，并不需要对所有的数据节点进行移动，只需要保证前置节点的 next 属性正确地指向插入的元素即可。首先将需要插入的节点的 next 属性赋值为原节点的 next 属性的值，之后更改原节点的 next 属性就可以完成在链表中插入数据，如图 3-12 所示。

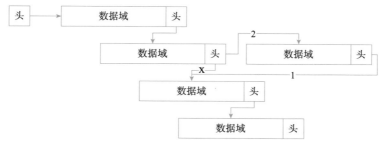

图 3-12 在链表中插入数据

 注意: 在链表中进行插入操作的顺序。如果先进行新节点的插入，则会丢失原节点中保存的 next 属性的值，从而无法找到后继节点。所以应当先在新加入节点后连接后继节点，再将新节点加入链表中。

在链表中插入数据的代码如下所示。

```python
# 插入数据
def insert(self, pos, value):
    for i in range(0, pos):
        if self.cur.next is not None:
            self.cur = self.cur.next
        else:
            # 超出边际，直接加在后面
            break
    node = Node(value)
    # 如果不为空，需要首先将原有节点的地址存放在新节点的 next 中
    if self.cur.next is not None:
        node.next = self.cur.next
    self.cur.next = node
    del node
    self.resetCur()
```

对于链表的删除操作，有两种需求。如果是按照顺序进行链表删除，则只需要更改删除前一位的 next 属性，指向需要删除节点的 next 属性对应的节点即可。如果是根据节点内容进行删除，最简单的操作是增加一个临时节点来存储当前访问的前一个节点，然后对其 next 属性进行更改，代码如下所示。

```python
# 删除元素的操作
def remove(self, value):
```

```
# 需要一个中间节点，保存上一个节点的地址
tNode = self.head
while self.cur.next is not None:
    if self.cur.data == value:
        tNode.next = self.cur.next
        break
    tNode = self.cur
    self.cur = self.cur.next
else:
    raise Exception(' 没有找到指定元素 ')
self.resetCur()
```

在链表中删除数据如图 3-13 所示。虽然需要删除的数据节点本身还是和链表有连接，但是由于链表的读取会从头节点依次进行，所以不会读取到该节点的值，即已经成功地将该节点从链表中删除。

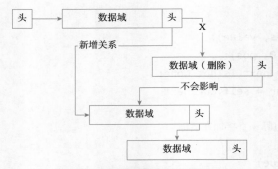

图 3-13   在链表中删除数据

使用以下代码可以进行链表数据结构的测试，运行结果如图 3-14 所示。

```
if _name_ == "_main_":
    # 创建列表并增加数据
    print(' 创建列表并增加数据 ')
    ll = LinkList()
    ll.append(1)
    ll.append(2)
    ll.append(3)
    ll.append(5)
    # 打印内容
    ll.get_item()
    # 在 3,5 中间插入 4
```

```
print(' 插入数据 4')
ll.insert(2, 4)
# 打印内容
ll.get_item()
# 删除添加的元素 4
print(' 创建列表并增加数据 ')
ll.remove(4)
ll.get_item()
```

```
F:\anaconda\python.exe H:/book/python-book/python_book_2/src/3/3-2-3.py
创建列表并增加数据
链表元素是
1, 2, 3, 5,
链表打印完毕
插入数据4
链表元素是
1, 2, 3, 4, 5,
链表打印完毕
创建列表并增加数据
链表元素是
1, 2, 3, 5,
链表打印完毕

Process finished with exit code 0
```

图 3-14　链表数据结构的测试结果

3.2.5　实例：一元多项式的表示

扫一扫，看视频

可以将表结构用于非常多的数据存储情景。表结构本身不但可以用于数据的存储，而且表明了数据间相互关联的情况，其中的一个典型应用就是多项式的表示。

数学中的一元多项式，一般是指以 x 为未知数（只存在一种未知数）的多项式，可以通过升幂写成如下形式：

$$P_0 + P_1x + P_2x^2 + \cdots + P_nx^n$$

因为一元多项式本身只包含一个未知数，所以在计算机中表示一元多项式时并不需要记录一元多项式的未知数，只需要记录多项式的系数及未知数的幂。

通过一个线性表进行一元多项式的表示，只需要记录多项式的系数及未知数的幂即可。需要注意的是，多项式的系数可以是负值，这样通过加法进行连接时，就会因为系数为负而造成多项式出现减法的情况。

实际上多项式的表示可以使用线性表或者链表的方式，因为可能并不清楚多项式中 n（项数）的大小，所以可以采用链表的方式表示。

在 Python 的链表中，可以通过以下方式定义存储一元多项式的节点，代码如下所示。

```python
# 节点的定义
class Node(object):
    def _init_(self, data):
        self.data = data
        self.next = None
```

在数据域中通过存储一个元组数据类型来表示多项式的系数和幂，也可以直接在节点中定义两个存储数据的对象属性，代码如下所示。

```python
# 节点的定义
class Node(object):
    def _init_(self, data1, data2):
        self.data1 = data1
        self.data2 = data2
        self.next = None
```

为了完整地打印出一元多项式的全部内容，这里需要修改一下链表的输出方法 get_item()，代码如下所示。

```python
# 获取所有多项式
def get_item(self):
    if self.cur is None:
        print(" 当前链表为空 ")
    else:
        print(" 多项式是 ")
        str = ''
        while self.cur is not None:
            if self.cur.data[0]<0:
                str = str + '%dx^%d' % self.cur.data
            else:
                if str == '':
                    # 初始化
                    str = '%dx^%d' % self.cur.data
                str = str + '+%dx^%d' % self.cur.data
            self.cur = self.cur.next
        print(str)
        print("\n 多项式打印完毕 ")
    self.resetCur()
```

通过以下代码可以进行多项式的存储，该多项式为 $2x^3 + 5x^6 - 1x^7 + 2x^8$，将所有的参数和未知数对应的幂均组合为元组，并使用链表的 append() 方法进行数据项的增加，最终使用 get_item() 方法进行多项式的打印。

```python
if _name_ == "_main_":
    # 创建列表并增加数据
    print(' 创建列表并增加数据 ')
    ll = LinkList()
    ll.append((2, 3))
    ll.append((5, 6))
    ll.append((-1, 7))
    ll.append((2, 8))
    # 打印内容
    ll.get_item()
```

运行结果如图 3-15 所示，成功打印出存储的一元多项式。

```
F:\anaconda\python.exe H:/book/python-book/python_book_2/src/3/3-2-5.py
创建列表并增加数据
多项式是
2x^3+5x^6-1x^7+2x^8

多项式打印完毕

Process finished with exit code 0
```

图 3-15　打印一元多项式

3.3　Python中栈和队列的实现

在任何编程语言中栈（stack）和队列（queue）无疑都是最常见的数据结构的应用，其存储结构仍然是简单的线性表所表示的数据结构，但是栈和队列严格地规定了数据的读取顺序，也就是说这两种结构均为线性表操作的子集。

3.3.1　栈和队列的定义和应用

对于栈和队列而言，其本质是操作受限的线性表，可以称之为限定性数据类型。在软件系统的编程语言中广泛使用栈和队列。

栈是限定仅能在表尾进行插入和删除操作的线性表，对数据的进入顺序而言，就是常说的"后进先出"（last in first out）。栈中用于操作的一端称为栈顶，把另外一端的线性表的头部称为栈底，不含有任何元素的空表称为空栈。

栈的基本结构和数据进出顺序如图 3-16 所示。

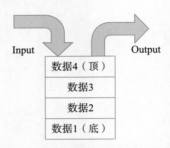

图 3-16　栈的基本结构和数据进出顺序

对于栈的数据进入顺序而言，可以想象为栈是一个桶状的数据结构，数据进入后，如果没有及时出栈，会被后续进入的数据压在桶底；对于桶而言，只有上方一个出口，只有当压在上方的所有数据从桶口出去后，才完成出栈操作。

对于队列而言，其数据的进出顺序和栈不同，采用的是先进先出逻辑，也就是一个队列样式的数据类型，先进入的数据排在前方，只允许在队列的最前端出队列，也就是队头，同时只允许通过队尾添加数据。

可以简单地将队列理解为现实生活中的排队情况，只有最早进入队列的元素会最早离开，其示意图如图 3-17 所示。

图 3-17　队列的示意图

3.3.2 实例：Python 中栈的实现

因为栈的本质是线性表，所以对栈的实现也存在两种存储方式，分别是顺序栈和链栈。对于顺序栈而言，就是利用一组地址连续的存储单元依次存放自栈底到栈顶的数据元素，并且设定指针，记录栈顶数据的位置。

对于 Python 而言，列表结构已经完全实现了栈的基本功能，并且提供了相应的方法进行数据的操作，如以下代码所示。

```
# 新建列表，用于栈的测试
list = []
# 数据进入（入栈）
list.append(1)
list.append(2)
list.append(3)
print(list)
# 出栈
list.pop()
list.pop()
print(list)
```

在 pop() 函数中不传入位置参数时，默认从最末端弹出数据，该数据的进出顺序就是栈的基本实现。

也可以通过 3.2 节的线性表实现栈的基本功能，栈的数据定义如下所示，相对于顺序表的实现，增加了一个属性，用于记录栈顶数据的位置索引，类似于 C 语言中记录栈顶的内存地址。对于 Python 而言，也可以根据顺序表中存储的数据的 num 属性获取数据。为了统一，这里不使用 num 属性获取数据。

```
class StackSeqList(object):
    def _init_(self, max=10):
        self.max = max              # 默认为 10
        self.num = 0
        # 记录栈顶（最后一个数据的位置信息）
        self.top = 0
        # 在数列中全部填充 None
        self.data = [None] * self.max
```

在栈的实现中，对入栈操作，应当实现基本的添加数据的方法 append()；对出栈操作，应当实现删除数据的方法 pop()。对入栈操作，在添加数据时，除了更改栈内的元素数以外，还应记录当前的栈顶数据的位置索引，如以下代码所示。

```python
# 在末尾加入数据
def append(self, value):
    # 当前栈已满
    # 需要注意的是，第 num 个元素的长度应当是 num+1
    if self.num == self.max:
        self.data[self.num] = value
        # 超出了最长长度，进行 +1 操作
        self.num = self.num + 1
        self.max = self.max + 1
    else:
        self.data[self.num] = value
        self.num = self.num + 1
    # 更改栈顶数据的位置索引
    self.top = self.top + 1
```

出栈操作也不需要传输弹出元素的位置参数。每一次出栈都会从栈顶弹出一个数据元素，同时更改栈顶数据的位置索引，如以下代码所示。

```python
# 出栈操作，不需要传输 key 的位置
def pop(self):
    if self.num <= 0:
        raise Exception(" 栈已经为空 ")

    # 默认删除最后一个数据（这里重置为 None)
    self.data[self.top] = None
    self.num = self.num - 1
    # 更改栈顶数据的位置索引
    self.top = self.top - 1
```

可以进行顺序栈的测试，代码如下所示，运行结果如图 3–18 所示。

```python
if _name_ == "_main_":
    # 创建列表
    l = StackSeqList ()
    # 打印当前列表中的值
    print(' 初始化栈 ')
```

```
print(l.data)
# 推入元素
l.append(1)
l.append(2)
l.append(3)
l.append(4)
# 打印当前列表中的值
print(' 推入栈后 ')
print(l.data)
# 删除元素
l.pop()
l.pop()
# 打印当前列表中的值
print(' 两次出栈后 ')
print(l.data)
```

```
F:\anaconda\python.exe H:/book/python-book/python_book_2/src/3/3-3-2-1.py
初始化列表
[None, None, None, None, None, None, None, None, None, None]
推入数字元素后
[1, 2, 3, 4, None, None, None, None, None, None]
删除元素
[1, 2, None, None, None, None, None, None, None, None]

Process finished with exit code 0
```

图 3-18　顺序栈的测试结果

3.3.3　实例：Python 中队列的实现

对于 Python 中的队列而言，仍然可以采用顺序表或者链表的方式实现。因为队列本身的数据进出按先进先出的顺序，所以需要对队列的头部进行记录，所有的出队操作都应当在头部进行。

这里同样采用顺序表的方式实现队列的功能，队列类的定义如下所示。所有队列的出队都是在头部进行，也就是索引为 0 的位置，而入队都是在队尾进行，所以无须记录队头与队尾的位置。

```
class QueueSeqList(object):
    def _init_(self, max=10):
```

```
self.max = max   # 默认为 10
self.num = 0
# 在栈中全部填充 None
self.data = [None] * self.max
```

对于队列而言，主要的操作是数据的入队和数据的出队，这两个操作都应当符合队列的数据进出方向。其中，数据入队的代码如下所示。

```
# 在队尾加入数据
def append(self, value):
    # 当前队列已满
    # 需要注意的是，第 num 个元素的长度应当是 num+1
    if self.num == self.max:
        self.data[self.num] = value
        # 超出了最长长度，进行 +1 操作
        self.num = self.num + 1
        self.max = self.max + 1
    else:
        self.data[self.num] = value
        self.num = self.num + 1
    # 无须更改队头的位置
```

因为入队操作是在队尾加入数据，所以无须在数据入队后更改队头的位置。对于出队操作，出队的顺序首先是第一个元素，在第一个数据出队后需要将所有的数据前移，完成数据的出队操作，代码如下所示。

```
# 出队操作，永远从队头出队，不需要传输 key 的位置
def pop(self):
    if self.num <= 0:
        raise Exception(" 队列已经为空 ")

    # 默认删除第一个数据并且将所有的其他数据前移（这里重置为 None）
    for i in range(1, self.num):
        # 后方数据代替前方数据
        self.data[i - 1] = self.data[i]
    self.data[i] = None
    self.num = self.num - 1
    # 无须更改队头的位置
```

可以通过以下代码进行测试，运行结果如图 3-19 所示。

```python
if _name_ == "_main_":
    # 创建队列
    l = QueueSeqList()
    # 打印当前列表中的值
    print(' 初始化队列 ')
    print(l.data)
    # 推入元素
    l.append(1)
    l.append(2)
    l.append(3)
    l.append(4)
    # 打印当前列表中的值
    print(' 推入队列后 ')
    print(l.data)
    # 删除元素
    l.pop()
    l.pop()
    # 打印当前列表中的值
    print(' 出队 ')
    print(l.data)
```

```
F:\anaconda\python.exe H:/book/python-book/python_book_2/src/3/3-3-3.py
初始化队列
[None, None, None, None, None, None, None, None, None, None]
推入队列后
[1, 2, 3, 4, None, None, None, None, None, None]
出队
[3, 4, None, None, None, None, None, None, None, None]

Process finished with exit code 0
```

图 3-19　队列的测试结果

3.3.4　实例：混合运算求值

非常经典的栈的应用就是表达式的求值。加减法非常简单，没有必要使用任何数据结构来存储算式。对四则混合运算而言，可能出现乘除法和加减法的优先级问题，计算机是如何处理的呢？

扫一扫，看视频

例如以下算式的计算：

$$3+1*4$$

正确的结果是 7，首先计算 1*4 的值，后加 3，得到结果 7。在很多语言中，认为加减法是同一优先级，乘除法是另一稍高的优先级，所以在计算时不会出现错误。在 C 语言中实现上述算式的代码，如下所示。

```c
#include <stdio.h>

int main(void) {
    int result=3+1*4;
    printf(" 结果是 :%d",result);
    return 0;
}
```

可以获得正确的结果 7。具体的运算步骤是如何进行的呢？在计算机中使用编程实现四则混合运算并不简单。

在算式表示中，实际生活中一般常用的是中缀表示法，如上述算式所示。在计算机中，一般使用后缀表达式的计算方法，也就是上述算式在计算机中实际存储时如下所示。

$$3,1,4,*,+$$

转化为后缀表达式后，就可以采用栈这种后进先出的数据结构来完成结果的计算，后缀处理流程如图 3-20 所示。同样，识别小括号等有限计算的符号，以实现正确的计算顺序，也可以通过栈这种数据结构完成。

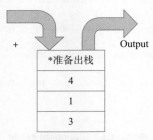

图 3-20　混合运算的后缀处理流程

如果是这种后缀表达式，遇到乘法符号时进行出栈处理，将出栈两个数字进行计算，也就是计算 1*4，再将计算结果压入栈中，再遇到加法符号，再将刚刚入栈的 4 与最后的数字 3 进行出栈处理，得到最终结果。

后缀表达式并不适合在生活中使用，生活中最常见的是中缀表达式。所以需要编写一个中缀表达式转后缀表达式的算法，这个算法需要多次出入栈，而且需要多个栈配合进行入栈和出栈处理。

本节利用这样的思路进行简化算法的编写。利用栈及状态量判定方式，认为"*、/"符号的优先级高于"+、–"符号（不考虑小括号等运算符），当"*、/"符号进入后直接对该符号两端的数据进行计算，从而直接求得算式的值，不需要转换为后缀表达式。

例如 3+1*4 这个算式，首先将 3 推入栈中，接着推入运算符"+"，然后推入下一个数字 1，接着判定"*"运算符，其优先级超过"+"运算符，下一个数字 4 不进行推入，而是做两次出栈操作，计算最优先的 1*4。接下来因为没有需要推入的数据，则开始进行整体的出栈操作。

此时栈中存放的数据是不包含乘除法运算的，只需要按照从左到右的顺序依次计算即可。出栈时需要注意的是，此时整体的运算顺序是存在问题的，因为栈的数据顺序的特性，出栈的顺序是加数首先出栈，被加数再出栈，对加法并不存在问题；如果是减法，则需要注意减数和被减数。这里有两种处理方式。

（1）将所有的数据全部出栈后再入栈，两次栈操作可以将数据转换为正确的顺序。

（2）将符号位判定加在首先取出的数字前，也就是说，如果是减法，则在处理过程中将首先取出的数字前加一个负号，然后使用加法与第二个数字相加。

例如，第一个取出的是数字 4，然后出栈的符号是"–"（减号），则将数字 4 前加一个负号，改为"–4"。再将最后一个数字取出，得到算式 –4+1，计算后得到正确结果。

 注意： 对比这两种处理方式，很明显第二种处理方式的时间复杂度和空间复杂度都比第一种优秀。但是为了练习栈的使用，更好地理解栈的数据进出顺序，在编写具体代码时本书采用第一种处理方式。

可以通过改写 3.3.2 节中栈的实现代码来完成四则混合运算的求值算法。类的定义如下所示，在定义时增加一个状态量来判断是不是乘除法，如果是，会在下一个数字进来后直接进行计算。

```python
class StackSeqList(object):
    def _init_(self, max=10):
        self.max = max                    # 默认为 10
        self.num = 0
        # 记录栈顶（最后一个数据的位置信息）
        self.top = -1
        self.status = True
        # 在栈中全部填充 None
        self.data = [None] * self.max
```

3.3.2 节实例的出栈方法 pop() 中并没有返回数据，因为进行四则运算时需要用到出栈的数据，所以更改该方法，在出栈时删除栈中的该数据后，使用 return 关键字进行具体数据的返回，代码如下所示。

```python
# 出栈操作，不需要传输 key 的位置
def pop(self):
    if self.num <= 0:
        raise Exception(" 栈已经为空 ")

    # 默认删除最后一个数据（这里重置为 None)
    res = self.data[self.top]
    self.data[self.top] = None
    self.num = self.num - 1
    # 更改栈顶数据的位置索引
    self.top = self.top - 1
    # 计算中需要返回出栈的数据
    return res
```

接着是入栈方法 append()，在该方法中需要传入一个值，该值可以是数字或者加减乘除符号，当遇到乘除符号后，改变 self.status 状态量的值。如果该状态量为 False，则在下一次数据准备入栈时进行两次出栈处理，通过对这两个数字及一个符号进行计算后，将结果入栈，并重置状态量，代码如下所示。

```python
# 在末尾加入数据
def append(self, value):
    if self.status:
        # 低优先级，直接压入栈
        # 当前栈已满
        if self.num == self.max:
            self.data[self.num] = value
            # 超出了最长长度，进行 +1 操作
            self.num = self.num + 1
            self.max = self.max + 1
        else:
            self.data[self.num] = value
            self.num = self.num + 1
        # 更改栈顶数据的位置索引
```

```
            self.top = self.top + 1
    else:
        # 高优先级，执行两次出栈操作
        # 运算符
        a = self.pop()
        # 第一个数字
        b = self.pop()
        # 重置状态量
        self.status = True
        print('乘除法计算：' + str(b) + str(a) + value)
        if a == '*':
            self.append(int(b) * int(value))
        else:
            self.append(int(b) / int(value))
# 首先应当判断符号是什么
if value == '*' or value == '/':
    # 在下一次入栈时需计算
    self.status = False
```

对于需要进栈处理的数据，其中已经不再包含乘除法运算，可以将栈中所有的数据进行出栈操作，完成计算。

这里采用了所有数据出栈后再次进栈，更改数据顺序后，从左到右依次进行计算的思路，代码如下所示。

```
# 当前所有栈内都是加减法，全部出栈后再次进栈，就得到了正确的计算顺序
def getRes(self):
    # 临时栈，用于改变数据顺序
    tl = StackSeqList()
    # 最终结果
    res = 0
    # 保存上一个数据
    t = ''
    while self.num > 0:
        tl.append(self.pop())
    while tl.num > 0:
        tc = tl.pop()
```

```
            if t == '':
                # 初始化
                res = int(tc)
            else:
                if t == '-':
                    print('加减法计算：' + str(res) + str(t) + str(tc))
                    res = res - int(tc)
                elif t == '+':
                    print('加减法计算：' + str(res) + str(t) + str(tc))
                    res = res + int(tc)
            t=tc
    return res
```

可以通过以下代码进行测试，这里需要从控制台输入一个完整的四则混合运算式，采用 for...in 循环语句进行字符串的入栈操作。当遇到"="符号时，认为算式入栈完毕，调用 getRes() 方法获取结果。

```
if _name_ == "_main_":
    calculation = input('输入需要计算的四则混合算式：')
    # 创建列表
    l = StackSeqList()
    for i in calculation:
        if i == '=':
            print(l.getRes())
        else:
            # 入栈操作
            l.append(i)
```

 注意: 在使用 for...in 循环语句进行字符串的入栈操作时，需要注意的是，该算式只支持 10 以内的四则混合运算，因为在输入两位数以上的字符串时，for...in 循环语句会将其拆分而造成运算错误。例如，字符串"10+1="实际上输出的是"1,0, +，1，="序列，该问题可以通过字符串的切分或者入栈时进行判定处理。这里仅测试 10 以内的四则混合运算。

运行结果如图 3-21 所示，根据提示输入一个四则混合运算后，会显示计算过程及最终结果。

```
F:\anaconda\python.exe H:/book/python-book/python_book_2/src/3/3-3-4.py
输入需要计算的四则混合算式: 5+9/3*2-3+8*2=
乘除法计算: 9/3
乘除法计算: 3.0*2
乘除法计算: 8*2
加减法计算: 5+6
加减法计算: 11-3
加减法计算: 8+16
24

Process finished with exit code 0
```

图 3-21　混合运算求值的计算过程及最终结果

3.4　Python中的哈希表

　　哈希表是根据关键码值直接访问的数据结构。也就是说，哈希表本身是一个简单的线性表，但是其中每项内容都对应着更多的数据。这种对应关系所对应的函数就是哈希函数。

3.4.1　哈希表的定义和应用

扫一扫，看视频

　　哈希表是数据结构中一个非常重要的概念。大量的缓存及高性能的软件设计都离不开哈希表这种结构，甚至在硬件中也存在非常多的应用。

　　当有大量的数据需要存储时，不能将这些数据直接存放在内存的线性表结构中。这些数据如果全部存放在内存中却不使用，会对资源造成非常大的浪费。同时，可能还有很多类似这样的资源，如果通过线性关系进行少量的对比而需要取值，需要非常长的运行时间，容易造成系统的卡顿或者运行缓慢。

　　哈希表的出现为这种情况提供了一个解决办法。哈希表提供了函数映射的思想，可以通过对存储数据进行高度概括而获取该存储数据的关键字，在需要该数据时，通过该关键字可以直接对应到存放该数据的地址，从而获得数据。

　　具体实现主要是依托于如下函数：

$$地址 = f（关键字）$$

　　该函数就称为哈希函数，按照这个思想建立的表就是哈希表。简单来说，可以将哈希表理解为一个一维数组，其中的每个元素通过一个已知的哈希函数对应着一整条数据的内存地址。在一维数组中找到一个元素非常简单，然后通过该表对应的哈希函数就可以获得需要的数据的存储地址，从而获得整条数据。哈希表的设计逻辑如图 3-22 所示。

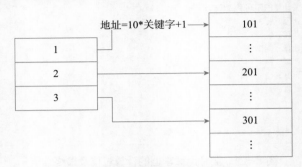

图 3-22　哈希表的设计逻辑

常用的构造哈希函数的方法有以下几种。

（1）直接定址法：取关键字或者关键字的某一个线性的函数值作为哈希地址，也就是说关键字本身和地址是线性关系。

（2）数字分析法：假设关键字是由 s 位数字组成的，哈希表中的所有关键字都是可以预知的，在这些关键字中提取分布均匀的若干位组成哈希地址。

（3）平方取中法：将关键字取平方，将平方值的中间几位作为哈希地址。当关键字重复较多、差异较小时，可以使用这种方法。

（4）折叠法：将关键字分割为位数相同的若干部分，将这些部分相加，将最终得到的结果作为哈希地址。

（5）除留余数法：预设一个数 p，关键字对其进行取余运算，所得到的余数为哈希地址。这是最常见的一种构造哈希函数的方法，不仅可以直接使用，也可以结合其他的构造方法使用。

构造哈希函数是非常好用的一种手段，依靠空间复杂度的增加，减少了查找的时间复杂度。哈希表中数据的查询速度非常快。但是面临另一个问题，在有大量数据时，如果偶尔出现两个相同的关键字指向了同一个地址，就会造成哈希冲突。

例如，一个哈希表采用如下哈希函数，需要存储的内容分别是 14、18、25。

$$f（关键字）= 关键字 \ \mathrm{mod} \ 11$$

当 14 和 18 进入哈希表时，分别进入对应的位置 3 和 7，并不会出现冲突，如表 3-1 所示。

表 3-1　哈希表

位置	1	2	3	4	5	6	7	8	9	10
数据			14				18			

下一个数据是 25，通过哈希函数进行计算后，发现该数据也应当存放在 3 的位置，这就是哈希冲突。

上述的所有方法都极力地想要避免出现哈希冲突，但由于内存并不是无限大的，即使以全部的存储空间作为存储哈希表所对应的数据区，仍然可能面对位置冲突的情况，这时就需要采用一些方法解决哈希冲突问题。

（1）开放定址法：当关键字与关键字发生冲突时，使用一定的探测方式，根据这个序列继续寻找，直到找到空的位置，再对数据进行插入操作。这种探测方式可以是线性的或者是其他数列形式。例如表 3-1 中，当 25 需要进入哈希表中，哈希表采用的是线性再探测方式，会存放在位置 4 的空间中，如表 3-2 所示。

表 3-2 解决冲突的哈希表

位置	1	2	3	4	5	6	7	8	9	10
数据			14	25			18			

（2）再哈希法：当发生冲突后，可以使用第二个甚至更多的哈希函数进行散列运算。当然这样会造成计算时间的增加。

（3）链地址法：将所有的关键字相同的记录存放在一个链表中，如果出现了冲突可以根据该链表继续寻找，直到找到该数据。

（4）建立公共溢出区：通过向量建立一个基本表，所有的关键字和基本表中的关键字为相同的记录，哈希地址一旦发生冲突，都进入该表中。

 注意： 在哈希表的建立与处理中，最应当注意的是哈希函数的设计及关键字的选择。优秀的哈希函数的设计与关键字的选择可以极大地减少哈希冲突，使哈希表的性能更佳。

3.4.2 实例：Python 中哈希表的实现

扫一扫，看视频

在 Python 中，字典数据类型就是用哈希表实现的，通过字典中对应的键可以找到该键对应的唯一结果。本节使用 Python 简单地设计一个哈希表。这里只是模拟哈希表的实现，以及模拟数据插入时解决哈希冲突的过程，而非真正的哈希表。

首先需要设计一个简单的哈希函数。为了更好地展示用哈希表查询数据的实际应用，在本实例中插入的数据都是字典对象，如 {id:100, value:' 这个是值 '}，其中，id 键对应的值为整型数字。为了尽可能地避免冲突，采用以下模运算关系作为哈希函数。

$$f(x) = x \bmod 22$$

这里依旧采用简单的线性表结构实现哈希表的功能。初始化哈希表类的代码如下所示。

```python
import random
import time
class HashMap(object):
    def _init_(self, max=100):
        self.max = max              # 默认为 100
        # 记录栈顶（最后一个数据的位置信息）
        self.top = -1
        self.status = True
        # 在栈中全部填充 None
        self.data = [None] * self.max
```

 注意：为了方便测试数据的生成，这里引入两个常用的模块，一个是用来模拟数据的随机数包，另一个是 time 模块，用来防止冲突过多致使迭代层数增多，从而导致程序宕机。在插入数据时，每次都会使用 time.sleep() 函数休眠 1 秒。

接下来编写根据哈希函数获取存放位置的方法，只需要返回取模计算的结果即可，代码如下所示。

```python
# 根据哈希函数获取存放位置
@staticmethod
def get_key(id):
    return id % 22
```

在存储数据时，通过该方法可以获得应当存放在列表对象中的位置信息。如果超过了该列表对象可以存储的空间，则会扩充该列表对象，并且将所有的节点初始化为 None。如果出现冲突，则进行存放位置加 1 的操作，并且再次尝试存储。

```python
# 存储数据
def save(self, value, id=-1):
    if id > self.max:
        # 扩充列表
        for i in range(self.max, id + 1):
            self.data[i] = None
            self.max = id + 1
    if id == -1:
        id = self.get_key(value['id'])
        self.save(value, id)
    else:
```

```
        if self.data[id] is not None:
            # 冲突解决方式，采用简单的线性探测法
            print(" 出现冲突 ")
            self.save(value, id + 1)
        else:
            print(" 存储地址为：" + str(id))
            self.data[id] = value
```

上述代码使用了递归算法，虽然回调可以精简代码并且减少循环语句，但是在 Python 中递归超过一定层数（1 000 层）时会出现错误，所以引入了 time 模块人为地控制执行时间。

然后是数据的查询操作，同样通过 get_key() 方法进行 id 的计算来获取查询的数据，代码如下所示。

```
# 查询数据
def find(self, value_id, id=0):
    if id == 0:
        id = self.get_key(value_id)
        return self.find(value_id, id)
    else:
        if value_id != self.data[id]['id']:
            print(" 查找失败，稍等…")
            return self.find(value_id, id + 1)
        else:
            return self.data[id]
```

最后对代码进行测试。该代码在哈希表中插入了 40 个值，在插入过程中，每插入一个数据会停顿 1 秒，可以打印数据的插入过程来查看该数据是否发生了冲突，最终的保存位置是哪里，如图 3–23 所示。

```
21
存储地址为：21
{'id': 22, 'value': '这个数据是随机的25'}
0
存储地址为：0
{'id': 23, 'value': '这个数据是随机的17'}
1
冲突|冲突|冲突|冲突|冲突|冲突|冲突|冲突|冲突|冲突|冲突|冲突|冲突|冲突|冲突|冲突|冲突|冲突|冲突|冲突|冲突|存储地址为：22
{'id': 24, 'value': '这个数据是随机的25'}
2
冲突|冲突|冲突|冲突|冲突|冲突|冲突|冲突|冲突|冲突|冲突|冲突|冲突|冲突|冲突|冲突|冲突|冲突|冲突|冲突|冲突|存储地址为：23
{'id': 25, 'value': '这个数据是随机的5'}
3
冲突|冲突|冲突|冲突|冲突|冲突|冲突|冲突|冲突|冲突|冲突|冲突|冲突|冲突|冲突|冲突|冲突|冲突|冲突|冲突|冲突|存储地址为：24
{'id': 26, 'value': '这个数据是随机的12'}
```

图 3–23　打印数据的插入过程

插入数据完成后，会进入一个 while 循环，通过输入的 id 进行数据的查询操作。如果第一次没有找到，则会对位置进行加 1 操作，直到找到数据为止。通过哈希表查找数据，如图 3-24 所示。

```
输入需要查找的数据
24
查找失败，稍等···|查找失败，稍等···|查找失败，稍等···|查找失败，稍等···|查找失败，稍等···|查找失败，稍等···|查找失败，
···|查找失败，稍等···|查找失败，稍等···|查找失败，稍等···|查找失败，稍等···|查找失败，稍等···|查找失败，稍等···|查找:
{'id': 24, 'value': '这个数据是随机的0'}
输入需要查找的数据
25
查找失败，稍等···|查找失败，稍等···|查找失败，稍等···|查找失败，稍等···|查找失败，稍等···|查找失败，稍等···|查找失败，
···|查找失败，稍等···|查找失败，稍等···|查找失败，稍等···|查找失败，稍等···|查找失败，稍等···|查找失败，稍等···|查找:
{'id': 25, 'value': '这个数据是随机的23'}
```

图 3-24　通过哈希表查找数据

3.5 小结、习题和练习

3.5.1 小结

本章主要介绍了 Python 中的基本数据类型，线性表、栈、队列和哈希表的基本概念，以及如何使用 Python 来实现这些数据结构。

所有的数据结构中最简单的就是线性表结构，线性表结构又分为顺序表结构和链表结构。和链表相比，顺序表结构简单、数据占用空间小、查找迅速。如果要在线性表的基础上完成插入数据或者删除数据等操作，花费的时间较长，其时间复杂度为 $O(n)$。

虽然链表占用较多的空间，且查询必须从头节点开始，但是在实际的内存应用中，链表可以分布存储在内存空间中，且插入和删除节点都非常方便。

栈和队列这两种特殊的数据类型，本质上是包含特殊约束的线性表，在现实生活和计算机基础中都有非常广泛的应用。

本章最后介绍了哈希表，哈希表本质上是对搜索结构的优化。

3.5.2 习题和练习

为了更好地理解本章的内容，希望读者可以完成以下习题与相关练习。

习题 1：线性表的逻辑顺序与物理顺序是否总是一致的？

习题 2：顺序表结构的主要缺点是否不利于插入和删除数据？

习题 3：在具有头节点的链式存储结构中，头指针是否指向链表中的第一个数据节点？

习题 4：对于采用顺序存储的线性表，访问节点，以及增加、删除节点的时间复杂度分别为多少？

练习 1：完成 Python 的基本数据类型的学习。

练习 2：了解线性表结构，并且尝试实现顺序表结构和链表结构。

练习 3：了解栈和队列，深刻理解数据进入和离开的顺序，尝试找出有什么场景用到了这两种数据结构。

第 4 章

Python 中的树与二叉树

本章介绍数据结构中最重要的树形结构，这种数据结构在计算机存储、查找数据等情景中经常用到。在算法的面试或者相关的考试中，树形结构中的二叉树（binary tree）也是最常见的考点。

扫一扫，看视频

📢 本章主要内容

- 数据结构中树与二叉树的定义。
- 哈夫曼树的定义与存储结构。
- 二叉树的代码实现与存储结构。
- 二叉树的三种遍历方式。
- 数据结构中森林的定义及其与二叉树的转换。

◉ 本章思维导图

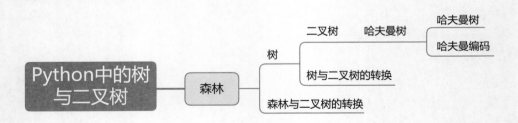

4.1 数据结构中的树和森林

本节将介绍数据结构中树和森林的概念与应用，同时介绍一种特殊的树形结构——二叉树的定义和具体应用。

4.1.1 树和森林的定义

扫一扫，看视频

树形结构是计算机存储中经常使用的数据结构。本书每章开头的思维导图就是树的一种。和第 3 章的线性表结构相比，树形结构是一种非线性的数据结构。树形结构本质上表示了数据节点与节点间的层次关系，通过上层的树节点可以找到该树节点对应的子节点。

不仅仅是数据库或者计算机文件存储中，甚至编程语言中源程序的语法结构也是树形结构。树形结构在生活中也经常用到，例如家族树，公司的管理关系也可以用树形结构表示。

树是由 n 个节点组成的有限集。在一棵非空的树中，有且只有一个特定的节点，称为根节点（root）。由根节点开始，存在 m 个互不相交的有限集，这些有限集本身也可以独立地取出来成为一棵完整的树。树的基本结构如图 4-1 所示。

图 4-1 树的基本结构

在图 4-1 所示的树形结构中，独立的子节点 1 与下方的节点依旧是一棵树的关系。整个树形结构的定义就是一个递归的定义，在树的定义中再次用到了树的定义，也就是说，树是由子树组成的。

一般而言，树中的节点包含一个数据域和指向其他子树的分支，该节点所拥有的子树个数称为节点的度（degree）。例如图 4-1 中，子节点 1 的度为 3，节点 1 的度为 0。度为 0 的节点称为叶子节点或者终端节点，度不为 0 的节点称为非终端节点或者分支节点。

对于树形结构，其中，节点的子树连接的节点称为该节点的孩子节点或子节点，而该节点称作被连接节点的双亲节点或者父节点。拥有同样的双亲节点的节点称为兄弟节点。如图 4-2 所示，子节点 1 和子节点 2 互为兄弟节点，子节点 2 是节点 4、节点 5 和节点 6 的双亲节点。

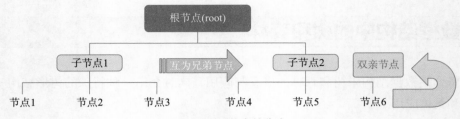

图 4-2　节点的命名

在整棵树结构中，从根节点开始定义为第一层，每一层都是由同一级的兄弟节点组成的。树中最大的层数称为树的深度或者高度。在图 4-2 中，假设不存在更多节点，则该树的深度为 3。

虽然树不是线性结构，但是其本身也有自己的访问顺序。如果树中节点的各个子树从左至右是有次序的（兄弟节点之间），则称该树为有序树，否则认为该树是无序树，如图 4-3 所示的两棵树。

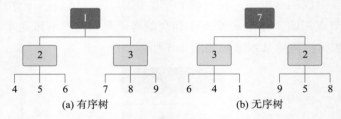

图 4-3　有序树和无序树

顾名思义，森林这种数据结构是对树结构的扩充。正如实际生活中森林里存在很多棵树一样，在数据结构中，森林也是由 m 棵互不相交的树组成的集合。

树和森林这两种数据结构可以通过一定的规律相互转换，将在 4.3.2 节中具体介绍。

4.1.2　二叉树的定义

扫一扫，看视频

二叉树是一种特殊的树形结构，其特点是每个节点的子树最多只有 2 个（即二叉树中不存在度大于 2 的节点），而且在二叉树中所有节点的顺序都是既定的，子树之间不能交换顺序。

二叉树符合树的基本性质，并且具有一些自己独特的性质。

● 在二叉树中第 n 层上至多有 2^{n-1} 个节点。也就是说，深度为 3 的一棵二叉树，在第 3 层中最多有 4 个节点，如图 4-4 所示。

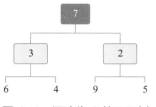

图 4-4 深度为 3 的二叉树

- 深度为 k 的二叉树，最多存在 2^k-1 个节点。图 4-4 中的二叉树，深度为 3，则最多存在 7 个节点。这条性质可以通过上一条性质进行推算，公式如下：

$$节点总数 \leqslant \sum_{n=1}^{k} 2^{n-1}$$

- 对于任何一棵二叉树，如果其终端节点数为 n，度为 2 的节点数为 m，则存在如下关系：$n = m+1$。图 4-4 中的二叉树，度为 2 的节点数为 3（根节点 7、节点 3、节点 2），则其终端节点数应当为 3+1=4（节点 6、节点 4、节点 9、节点 5）。

在二叉树中，除终端节点外，如果该二叉树的其他所有节点的度都是 2，也就是说，二叉树的深度为 k 且有 2^k-1 个节点，则称该二叉树为满二叉树。图 4-4 所示就是一棵标准的满二叉树。

4.2　二叉树的实现

在 Python 中实现二叉树，需要注意的是对二叉树层次关系的实现与节点的遍历。和之前实现的线性数据结构不同，二叉树这种数据结构本身就是递归的，所以在推入数据时需要注意数据的顺序。

4.2.1　实例：Python 中二叉树的存储结构和实现

二叉树的存储结构分为顺序存储结构与链式存储结构。但是对顺序存储结构而言，只能存储特定的二叉树。

扫一扫，看视频

在顺序存储结构中，这些存储单元的顺序都是从上至下的，其并不能指明二叉树的节点与节点间的关系，所以只能存储特定形态的二叉树，例如完全二叉树或者满二叉树。

对于完全二叉树而言，因为其所有子树的层数差只能为 1，而且当节点的度为 1 时，该节点必然存在左子树，也就是说，直接通过顺序存储结构（如列表）进行存储，直接循环输出数据，在二叉树的每层存放最大节点数的数据节点，就可以形成一棵完全二叉树。例如以下列表中的数据。

```
list = [1, 2, 3, 4, 5, 6, 7, 8]
```

如果依次读取该列表中的数字进行完全二叉树的创建，最终会出现一棵深度为 4 的二叉树，如以下代码所示。

```python
list = [1, 2, 3, 4, 5, 6, 7, 8]

# 二叉树层数
count = 1
i = 0
while i < len(list):
    # 输出字符串
    tStr = '这是树的 %d 层: ' % count
    # 本层的当前节点数
    j = 0
    while j < (2 ** (count - 1)):
        j = j + 1
        if i >= len(list):
            tStr = tStr + ' 空节点 '
            break
        else:
            tStr = tStr + '    ' + str(list[i])
        i = i + 1
    # 下一层
    count = count + 1
    print(tStr)
```

运行结果如图 4-5 所示。

```
F:\anaconda\python.exe H:/book/python-book/python_book_2/src/4/4-2-1-1.py
这是树的1层：    1
这是树的2层：    2    3
这是树的3层：    4    5    6    7
这是树的4层：    8 空节点

Process finished with exit code 0
```

图 4-5　顺序结构的完全二叉树

对于链式存储结构，在链表的基础上除了数据域以外，指向下一个数据的属性存在两个，分别指向左子树和右子树。这些属性可以为空，此时该节点就会成为一个终端节点。

本节通过 Python 中的对象来实现二叉树。二叉树中节点类的定义如下所示。

```python
# 二叉树中的节点类
class BinaryTreeNode(object):
    # 初始化
    def _init_(self, data=None, left=None, right=None):
        # 数据域
        self.data = data
        # 左子树
        self.left = left
        # 右子树
        self.right = right
```

创建二叉树或者需要对保存在二叉树中的数据进行操作时，只需要记录该树的根节点。二叉树类的定义如下所示。

```python
class BinaryTree(object):

    def _init_(self):
        # 默认根节点
        self.root = None
```

对于无序二叉树，可以采用任何方式进行节点的添加，可以手动实例化节点类，并且挂载在实例化二叉树对象的根节点中。为了方便添加数据，编写一个 create() 方法，用于在二叉树中添加数据。

```python
def create(self, show_data=-1, show_node=' 根节点 '):
    print((' 当前父节点为 %d' + show_node) % show_data)
    input_text = input(' 输入二叉树节点的值，空值直接回车 :')
    if input_text is '':
        # 空节点, 不操作
        return
    t_bi_t = BinaryTreeNode(data=int(input_text))
    if self.root is None:
        self.root = t_bi_t
    # 继续创建节点
    # print("log:",t_bi_t.data)
    t_bi_t.left = self.create(t_bi_t.data, " 创建左节点 ")
    t_bi_t.right = self.create(t_bi_t.data, " 创建右节点 ")
    return t_bi_t
```

上述代码从用户的输入中获取了一个存储在二叉树节点的数据域中的值，同时递归获取该节点的左节点和右节点，再根据这些节点进行递归，直到用户的输入为"空"时返回，最终完成创建二叉树的操作，如图 4-6 所示。

```
F:\anaconda\python.exe H:/book/python-book/python_book_2/src/4/4-2-1-2.py
当前父节点为-1根节点
输入二叉树节点的值，空值直接回车:1
当前父节点为1创建左节点
输入二叉树节点的值，空值直接回车:2
当前父节点为2创建左节点
输入二叉树节点的值，空值直接回车:
当前父节点为2创建右节点
输入二叉树节点的值，空值直接回车:
当前父节点为1创建右节点
输入二叉树节点的值，空值直接回车:3
当前父节点为3创建左节点
输入二叉树节点的值，空值直接回车:
当前父节点为3创建右节点
输入二叉树节点的值，空值直接回车:

Process finished with exit code 0
```

图 4-6　创建二叉树的操作

需要注意的是，在二叉树的创建过程中插入数据的顺序。图 4-6 插入了三个数据（1、2、3），最终形成了如图 4-7 所示的一棵二叉树。

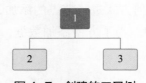

图 4-7　创建的二叉树

为了验证二叉树的创建是否成功，这里编写一个获得该二叉树的深度的方法 getHeight()，该方法依旧采用递归的思想。首先对传入的节点进行判定，如果该节点为 None，则认为该树是空树；如果该节点不为 None，但是并不具有左子树和右子树，则认为该节点是终端节点，返回深度值 1。

如果该节点包含左子树或者右子树，则对存在的某个子树进行递归，取得其深度值，直到找到不存在子树的一层，返回 1。在数据返回时，每次递归的结果都对上一层递归得到的结果进行加和，最后的结果就是该二叉树的深度。

如果节点的左子树和右子树均存在，则分别对这两个子树进行递归，取得两个深度值，再使用 max() 函数获取最大值，并返回这个最大值。

getHeight() 方法的代码如下所示。

```python
def getHeight(self, node=None):
    # 获取二叉树的层数
    if node is None:
        print(" 为空树 ")
        return 0
    elif node.left is None and node.right is None:
        return 1
    elif node.left is not None and node.right is None:
        return 1 + self.getHeight(node.left)
    elif node.right is not None and node.left is None:
        return 1 + self.getHeight(node.right)
    else:
        return 1 + max(self.getHeight(node.right), self.getHeight(node.left))
```

根据这种思想，使用简单的几句代码就可以输出树中的所有元素（暂时不用在意遍历顺序），直接打印出传入节点的数据域中的值，代码如下所示。

```python
def getDataByline(self, node=None):
    # 遍历所有数据
    if node is None:
        return
    else:
        print(node.data, end=',')
        self.getDataByline(node.right)
        self.getDataByline(node.left)
```

上述代码依旧采用递归的思想，首先对根节点的数据域进行输出，然后对该节点的右子树再次执行该方法，最终实现所有节点的访问。

可以通过如下代码进行二叉树的创建和测试。

```python
if _name_ == "_main_":
    # 初始化二叉树
    bi_t = BinaryTree()
    bi_t.create()
    # 打印当前二叉树的深度
    print(" 二叉树的深度是: ", bi_t.getHeight(bi_t.root))
    print("_____ 下方是该二叉树中的元素 _____")
```

```
# 打印全部元素
bi_t.getDataByline(bi_t.root)
```

需要创建的二叉树如图 4-8 所示，运行上述代码，输出结果如图 4-9 所示。

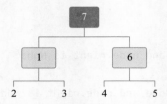

图 4-8　需要创建的二叉树

```
F:\anaconda\python.exe H:/book/python-book/python_book_2/src/4/4-2-1-2.py
当前父节点为-1根节点
输入二叉树节点的值，空值直接回车:7
当前父节点为7创建左节点
输入二叉树节点的值，空值直接回车:1
当前父节点为1创建左节点
输入二叉树节点的值，空值直接回车:2
当前父节点为2创建左节点
输入二叉树节点的值，空值直接回车:
当前父节点为2创建右节点
输入二叉树节点的值，空值直接回车:
当前父节点为1创建右节点
输入二叉树节点的值，空值直接回车:3
当前父节点为3创建左节点
输入二叉树节点的值，空值直接回车:
当前父节点为3创建右节点
输入二叉树节点的值，空值直接回车:
当前父节点为7创建右节点
输入二叉树节点的值，空值直接回车:6
当前父节点为6创建左节点
输入二叉树节点的值，空值直接回车:4
当前父节点为4创建左节点
输入二叉树节点的值，空值直接回车:
当前父节点为4创建右节点
输入二叉树节点的值，空值直接回车:
当前父节点为6创建右节点
输入二叉树节点的值，空值直接回车:5
当前父节点为5创建左节点
输入二叉树节点的值，空值直接回车:
当前父节点为5创建右节点
输入二叉树节点的值，空值直接回车:
二叉树的深度是: 3
_____下方是该二叉树中的元素_____
7,6,5,4,1,3,2,
Process finished with exit code 0
```

图 4-9　创建的二叉树的输出结果

4.2.2 实例：二叉树的遍历

在成功创建二叉树后，接下来需要完成的是对二叉树中数据的查询和修改。这些操作都需要对二叉树的数据节点进行读取或者进行某些处理。如何读取二叉树中的数据节点才能高性能地完成操作，成为算法设计中的一个问题。

对于线性类型的数据存储，只需要从头节点开始，逐步向下，就能完成整个数据结构的遍历。而树形结构的节点可能存在 n 个分支，即使是二叉树，也可能有 0~2 个分支路径，所以需要找到一些规律，可以将二叉树输出为线性队列。

在树形结构中，如果已知根节点的情况，可以通过连接根节点的分支进行循环遍历，最终输出整棵树的所有数据节点。4.2.1 节中已经对二叉树的遍历进行了尝试，为了与本节的遍历方式区别开，4.2.1 节的输出顺序是 7,6,5,4,1,3,2。

参照图 4-8 和图 4-9 中创建的二叉树，可以知道，这种遍历顺序采用了先访问根节点，然后访问根节点的右子树，再访问右子树的右子树，直到右子树为空时，访问最近父节点的左子树，最终依次访问完所有的节点，这种顺序就是二叉树的一种遍历方式。

 注意： 上述访问顺序并不是常用的三种遍历方式之一。

在实际的编程应用中，二叉树的遍历方式一般有三种顺序，分别是先序遍历、中序遍历、后续遍历。

这三种遍历方式的不同点，主要是何时访问数据的根节点。这三种遍历方式采用的都是递归的思想，也就是说，在先序遍历中所有子树的遍历都是采用先序遍历的，不存在遍历混用的情况。

1. 先序遍历

先序遍历的顺序：①访问根节点；②遍历左子树；③遍历右子树。

利用 4.2.1 节中二叉树的实现代码，依旧对图 4-8 中的二叉树进行先序遍历操作，具体代码如下所示。

```python
# 先序遍历
def preOrderTraverse(self, node=None):
    # 遍历所有数据
    if node is None:
        return
    else:
        print(node.data, end=',')
```

```
        self.preOrderTraverse(node.left)
        self.preOrderTraverse(node.right)
```

运行结果如图 4-10 所示。

```
_____下方是该二叉树中的先序遍历_____
7, 1, 2, 3, 6, 4, 5,
_____
```

图 4-10　先序遍历的结果

2. 中序遍历

中序遍历的顺序：①遍历左子树；②访问根节点；③遍历右子树。

中序遍历操作的具体代码如下所示。

```
# 中序遍历
def midOrderTraverse(self, node=None):
    # 遍历所有数据
    if node is None:
        return
    else:
        self.midOrderTraverse(node.left)
        print(node.data, end=',')
        self.midOrderTraverse(node.right)
```

运行结果如图 4-11 所示。

```
_____下方是该二叉树中的中序遍历_____
2, 1, 3, 7, 4, 6, 5,
_____
```

图 4-11　中序遍历的结果

3. 后序遍历

后序遍历的顺序：①遍历左子树；②遍历右子树；③访问根节点。

后序遍历操作的具体代码如下所示。

```
# 后序遍历
def behOrderTraverse(self, node=None):
    # 遍历所有数据
    if node is None:
        return
```

```
    else:
        self.behOrderTraverse(node.left)
        self.behOrderTraverse(node.right)
        print(node.data, end=',')
```

运行结果如图 4-12 所示。

```
_____下方是该二叉树中的后序遍历_____
2, 3, 1, 4, 5, 6, 7,
_____
```

图 4-12　后序遍历的结果

4.3　树和森林的相关操作

4.2 节介绍了二叉树的实现，通过定义一个具有左、右子树两个属性的节点类实现了二叉树。本节将介绍树存储结构与 Python 代码实现，以及森林和二叉树的相互转换。

4.3.1　实例：树和森林的实现

扫一扫，看视频

相对于二叉树的实现，实现树的复杂点在于，并不能确定具体有几个子节点。所以在树的数据存储结构中需要考虑节点的子树的个数可变。

很多形式的存储结构都可以用来保存节点中不确定个数的子树。常用的几种存储方式如下所示。

1. 双亲表示法

这种存储方式使用一组连续的空间存储树的节点，在每个节点中附加一个指示位来表示其双亲节点在存储结构中的顺序。

如图 4-13 所示的树结构，如果采用双亲表示法，会出现如表 4-1 所示的链表存储结构，通过该链表可以反推出该树结构。

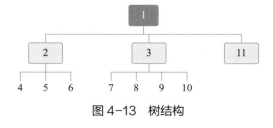

图 4-13　树结构

表 4-1　链表存储结构（部分）

下标	0	1	2	3	4	5	6	7	8	…
数据内容（假设）	1	2	3	11	4	5	6	7	8	…
指示位	−1（根）	0	0	0	1	1	1	2	2	…

这样的存储结构方便实现，利用了子树只拥有一个双亲节点的特性，缺点是该存储结构并不能直接通过双亲节点进行子节点的查询。如果要查找某个节点的子节点，需要遍历整个树结构。

2. 孩子表示法

这种存储方式采用多重链表进行子节点的存储，简单理解就是，每个节点都可以存储多个子节点，这些子节点可以是双亲节点链表中的数据，也可以单独存放在独立的顺序表中，类似于采用 Python 定义一个独立的列表作为节点的属性，并在该结构中存入节点的子节点。

这种存储方式易于理解，而且采用顺序存储结构的子节点便于查找，但是可能会造成一定的空间浪费。

3. 孩子兄弟表示法

这种存储方式是利用原本的树结构，结合链表的应用，每个子节点本身都具有两处位置可以存储下一个节点，一处存储的是第一个子节点，另一处指向自己同级的兄弟节点。

采用这种存储方式进行树的实现，本质上和孩子表示法类似，不同的是，这种存储方式减少了存储空间的浪费，采用链式结构对所有的兄弟节点进行连接，实现了对树结构的转换。

实际上，在 Python 中最容易实现的存储方式是孩子表示法，因为使用 Python 并不能方便地获得数据节点的物理存储位置，即使通过 id() 函数获取了 Python 变量的存储标识，也很难通过该 id 获取存储的值（实际上是可以的，需要使用相关模块）。

但是对于建立列表来存储子节点本身来说，Python 非常擅长，该变量的建立并不会造成内存空间的浪费，而且便于查找和操作。

树结构的定义如下所示。

```python
# 树节点的定义
class TreeNode(object):
    def _init_(self, data=None, children=[]):
        # 数据域
        self.data = data
```

```
            # 子树域
            self.children = children

        def add_children(self, node):
            # 增加子树
            self.children.append(node)

# 树的定义
class Tree(object):
    def _init_(self, value=None):
        # 实例化根节点
        node = TreeNode(value)
        self.root = node
```

 注意: 通过 Python 实现的任何数据结构，都只是为了让读者了解这种数据结构的相关思想和理念。Python 实现的数据结构，很多时候只是对该结构的思想的体现，最终执行是由 Python 解释器实现的，其真正的执行过程可能和数据结构并不一致。

对于森林，因为其结构本身是树的集合，所以森林中可以包含多个树结构。森林类的定义如下所示。

```
# 森林
class Forest(object):
    def _init_(self, tree=[]):
        # 实例化属性
        self.trees = tree

    # 森林中增加树
    def add_tree(self, tree):
        self.trees.append(tree)
```

4.3.2　森林和二叉树的转换

扫一扫，看视频

森林的本质是多个树结构的集合。如何将森林结构转换为一棵二叉树，本质上是如何将多棵树转换为一棵二叉树。

森林结构转换为二叉树的问题有两个：①如何处理节点中有多个子节点的问题；②如何

处理多棵树的问题。

首先来解决第一个问题，4.3.1 节在对树的实现中，采用了一个列表来存储某个节点的多个子节点。虽然在树结构中认为子节点的顺序是不重要的，但是在实际存储中，列表结构是明确的线性结构，所以这些子节点实际上是相互连接且具有唯一的顺序的。

通过这种唯一的顺序就可以完成一棵树与二叉树的转换。假设存在如图 4-14 所示的树结构。

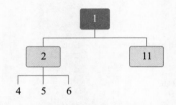

图 4-14　树结构示例

在将树转换成二叉树时，是从根节点开始的，分为以下几种情况。

（1）如果该树为空树，则认为转换后的二叉树也是空二叉树。

（2）如果包含根节点，则该节点在二叉树中仍然是根节点；该节点如果包含子节点，则其中的第一个子节点认为是该节点的左子树的节点。

（3）如果该节点拥有不止一个子节点，则与该已经成为左子树的节点同级的兄弟节点都将成为该左子树上节点的右子树节点，也就是相对根节点的孙子节点。

（4）不断地重复上述过程，最终形成一棵唯一的二叉树，如图 4-15 所示。

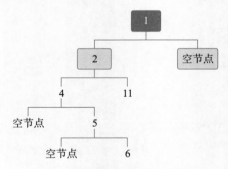

图 4-15　树转换为二叉树

如图 4-15 所示，任何树转换为二叉树时，根节点的右子树都是空的，因为在单独的一棵树中并没有和根节点同级的兄弟节点。

如果需要将森林转换为二叉树，此时为空的右子树空间就可以使用。在将森林转换为二叉树时，需要将各个树的根节点处理为兄弟节点。

如图 4-16 所示的森林结构，其中包含三棵树结构。

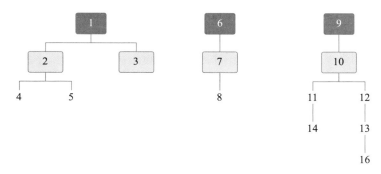

图 4-16　森林结构

将森林结构转换为二叉树，最终结果如图 4-17 所示。

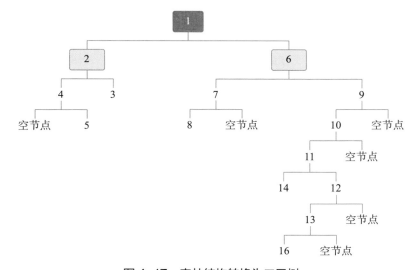

图 4-17　森林结构转换为二叉树

如果觉得上述描述不好理解，或者需要手工将树结构或者森林结构转换为二叉树，一般通过两个步骤就可以做到。

（1）连线（将所有的兄弟节点进行连线，将森林的各个根节点认为是兄弟节点进行连线）。

（2）删除多余的连线（节点最左侧的子节点成为新左子树的根节点，将其他的子节点分支删除）。

4.3.3　树和森林的遍历

　　　　如果需要对树和森林进行数据的查找或者处理，又或者是实现与二叉树之间的转换，则必须对树结构或者多棵树结构进行遍历。不同于二叉树既定的存储地址，对于树和森林而言，子树间的顺序并不是很重要。

　　如果需要对这些结构进行遍历，一般遵循以下顺序。

　　（1）先根遍历。先根遍历对应着二叉树遍历的先序遍历，如果该树为空树，或者只包含根节点，则返回为空，或者直接访问根节点；若树结构非空，则先访问根节点，再按照从左到右的顺序遍历根节点的每一棵子树。

　　（2）后根遍历。后根遍历对应着二叉树遍历的中序遍历，如果该树为空树，或者只包含根节点，则返回为空，或者直接访问根节点；若树结构非空，则先按照从左到右的顺序遍历子树节点，再返回根节点进行访问。

 　注意：这里的后根遍历对应的并不是二叉树遍历中的后序遍历，虽然其访问方式很像后序遍历，先访问子树再进行根节点的访问。

　　如果读者注意到树的遍历方式，一定会好奇对于树为什么会规定这样的遍历方式。其实这种遍历方式和树转换为二叉树有着密不可分的关系。例如图 4–18 中的树结构，这是一个具有三分支的树结构。

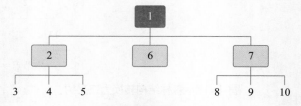

图 4–18　树结构示例

　　如果对该树采用先根遍历，则该树的遍历顺序是：

```
1-2-3-4-5-6-7-8-9-10
```

　　如果对该树采用后根遍历，则该树的遍历顺序是：

```
3-4-5-2-6-8-9-10-7-1
```

　　将图 4–18 转换为二叉树之后，如图 4–19 所示。

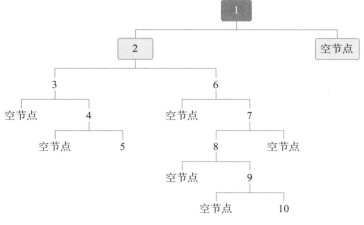

图 4-19　树转换为二叉树

如果对该二叉树进行先序遍历，则该树的遍历顺序是：

```
1-2-3-4-5-6-7-8-9-10
```

如果对该二叉树进行中序遍历，则该树的遍历顺序是：

```
3-4-5-2-6-8-9-10-7-1
```

如果对该二叉树进行后序遍历，则该树的遍历顺序是：

```
5-4-3-10-9-8-7-6-2-1
```

也就是说，树和其转换为二叉树之后的遍历是相互对应的，二叉树的先序遍历对应着树的先根遍历，二叉树的中序遍历对应着树的后根遍历。

对于树结构而言，其子节点并没有任何的左右或者前后之分（即使在实际存储中是有顺序的）。如何将子节点分为两部分，这无法定义，所以很难做到中序遍历。

如果需要对包含有多棵树结构的森林进行遍历，也可以采用这两种方式，从第一棵树开始，逐次进行树的遍历。

 注意： 利用树的遍历特点，可以方便地完成树与二叉树的转换。对于树的遍历，如果提到了使用中序遍历，则该树一定是二叉树。同样地，如果对森林提到了中序遍历，则可以证明该森林一定是二叉树森林。

4.4 哈夫曼树

哈夫曼树是一棵二叉树，而哈夫曼编码是一种编码方式。如果将哈夫曼编码根据一定的规律填充到二叉树中，该二叉树就称为哈夫曼树。

哈夫曼树是二叉树的一个应用，又称为最优二叉树。哈夫曼树是对树结构增加权重，最终实现对某些数据优化的存储结构。

4.4.1 哈夫曼编码与哈夫曼树

1. 哈夫曼树

扫一扫，看视频

从树的一个节点到另一个节点之间的分支构成了这两个节点之间的路径，路径上的分支数目叫作路径长度。树的路径长度就是树的根节点到每一个具体数据节点的路径长度之和。

在使用二叉树存储 data = ABCDAAC 的一组数据时，如何使用最少的存储空间，并且在需要时更快速地将这些数据取出，找到目标数据呢？当然就是将使用最多的数据节点 A 存放在离根节点最近的位置中，这样在获取该数据时花费的时间最少，依次类推，达到最佳的性能。

如图 4-20 所示，对上述串的查找需要做 1+3+2+3+1+1+2=13（次），其他的判定方式均超过 13 次。

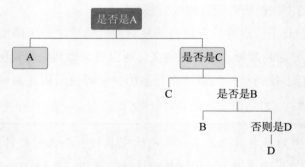

图 4-20　判定二叉树

给定 N 个权值作为 N 个叶子节点，构造一棵二叉树，若该树的带权路径长度达到最小，该树就被称为哈夫曼树。

注意： 本节说的哈夫曼树是指严格哈夫曼树（特指二叉哈夫曼树）。其实哈夫曼树并不是完全局限于二叉树中，它也可能是多叉树。

2. 哈夫曼编码

哈夫曼编码（Huffman Coding）又称霍夫曼编码，是可变长编码的一种。哈夫曼编码由哈夫曼（1926—1999）于 1952 年提出，该方法实现了根据字符出现的概率来构造数据获取的结构，也称为最优编码。

扫一扫，看视频

1951 年，哈夫曼的导师 Robert M. Fano（MIT Project MAC 创始人）给哈夫曼的期末报告题目是"寻找最有效的二进制编码"。哈夫曼在对现有编码进行研究后，转向新的探索，最终提出了基于有序频率二叉树进行编码的想法——使用自底向上的方法构建二叉树，并证明了这个方法是最有效的。

同样针对上述的 data=ABCDAAC 的数据，这段数据如果需要发送，则需要通过二进制方式进行编码来操作。在具体的编码方式中，上述数据通过二进制方式进行编码，对于 A、B、C、D 四种字符，可以采用两位的二进制完成编码，如表 4-2 所示。

表 4-2　二进制的字符编码

字　符	A	B	C	D
字符编码	01	10	11	00

ABCDAAC 这个串对应的编码后的内容为 01101100010111 这个二进制串，将该二进制串发送给其他接收方时，接收方可以将这些编码进行二位分割，并且对应表 4-2 进行内容的读取。

这种编码方式称为等长编码，其意义在于接收方可以方便地知道二进制串中的位对应的内容，且不会出现误读的情况。

但是随着发送的内容越来越长，会出现需求位更多且大部分是空位的情况，应当如何优化呢？那就是不同的字符采用不同位数的编码，例如对表 4-2 的字符进行优化，得到表 4-3，该表需要的编码位数更少。

表 4-3　优化的字符编码

字　符	A	B	C	D
字符编码	0	00	1	01

按照表 4-3 的编码方式，则 ABCDAAC 这个串对应的编码为 000101001，位数减少得非

常多。但是，这样的编码也会存在问题，前四位 "0001" 也可以理解为 AAAC 或者 BD，这会造成编码的不确定性，导致数据出现读取问题。

为了解决数据的不确定性问题，在设计不等长编码时，任何一个字符的编码都不应当是另一个字符编码的前缀。采用这种设计又会面临编码的增长问题。

哈夫曼编码巧妙地通过之前介绍的二叉树结构和权值解决了这个问题，通过哈夫曼树可以获得该编码的最短实现。

哈夫曼树首先设计两个分支，该分支按照二进制设计，左分支为 0，右分支为 1，依次按照使用的频率进行排序，使用最多的数据 A 作为根节点的左子节点，而除了终端节点以外的右子树的节点均为空节点。

通过图 4-21 的哈夫曼树对照可得，A 的编码是 0，C 的编码是 10，B 的编码是 110，D 的编码为 111，最终 ABCDAAC 这个串对应的编码为 0110101110010。如果数据的使用次数更多且数据更长，这种编码方式将会比等长编码更加优秀。

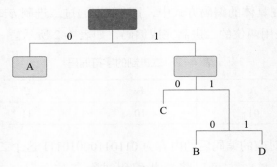

图 4-21   哈夫曼树

哈夫曼编码在真实的文件存储中可以非常有效地压缩数据，通常可以节省 20%~90% 的空间。时至今日，对于非特定编码环境，哈夫曼编码依旧是最优秀的编码方式，并被广泛使用。

4.4.2   实例：哈夫曼树的应用

扫一扫，看视频

本实例将用 4.4.1 节的哈夫曼编码实现，当用户输入一条包含字符的串时，会根据该串中的字符频率建立哈夫曼树，并且通过该树输出哈夫曼编码。

对哈夫曼树的节点定义时，可以将该树理解为：一个根节点及其左孩子节点和右孩子节点为一组，在根节点中不会存放数据值，所有的值存放在左孩子节点中，且该树的右子树中除了终端节点以外，所有节点也不需要存值。

根据这些特性可以定义哈夫曼树的节点类，代码如下所示。

```
# 哈夫曼树节点的定义
class HTNode(object):
    def _init_(self, left, right=None):
        self.left = left
        # 一般右节点都为空
        self.right = right
```

接下来根据该树节点的定义完成哈夫曼树的定义，代码如下所示。其中包含一个 code 属性，该属性用于存放当前哈夫曼树形成的编码表，便于查看运行结果和根据串进行编码的转换。

```
# 哈夫曼树的定义
class HuffmanTree(object):
    def _init_(self):
        self.root = None
        # 方便查询而创建一张编码表，采用字典的形式
        self.code = {}
```

针对哈夫曼树的建立逻辑，首先需要完成目标数据的去重及根据其出现的次数进行排序，可以参考第 7 章的排序算法。这里直接采用 set() 方法，进行数据类型转换后自动去重。

通过 Python 列表类型中自带的 sort() 方法，在循环数据时推入一个包含字符及字符出现次数的元组进行排序，最终将包含数据顺序的列表返回。sort_data() 方法的代码如下所示。

```
# 数据排序
def sort_data(self, input_str):
    # 统计输入的字符与次数
    list = []
    # 利用数据类型去重
    s_input = set(input_str)
    for i in s_input:
        # 推入
        list.append((i, input_str.count(i)))
    list.sort(key=lambda t: (t[1]), reverse=True)
    print(' 排序后的顺序是 ', list)
    return list
```

可以通过以下代码测试排序的正确性。

```
if _name_ == "_main_":
    # 获得输入的串
    input_str = input(" 输入需要编码的数据 :")
    HuffmanTree.sort_data(HuffmanTree(),input_str)
```

运行结果，会自动地打印排序后的列表，如图 4-22 所示。

```
F:\anaconda\python.exe H:/book/python-book/python_book_2/src/4/4-4-2.py
输入需要编码的数据:AAAACCCEDEKIIOM
排序后的顺序是 [('A', 4), ('C', 3), ('E', 2), ('I', 2), ('K', 1), ('M', 1), ('D', 1), ('O', 1)]

Process finished with exit code 0
```

图 4-22　排序后的列表

接着需要根据已经包含有顺序的列表进行哈夫曼树的创建。需要注意的是，在创建哈夫曼树时，并不是所有的右子节点都不包含数据，所以需要对最后两位的数据进行判定并且进行特殊处理。

对于第一位数据而言，其编码应当是“0”，所以对该位数据也应当单独处理，除此之外，创建其他的节点时均直接添加到目标节点的右子树上，代码如下所示。

```
# 创建方法
def create(self, input_str):
    # 排序
    list = self.sort_data(input_str)
    curNode = None
    # 相当于成为右子树的层数
    code = '0'
    # 创建哈夫曼树
    for i in list:
        if self.root == None:
            self.root = HTNode(i[0])
            # 推入树的同时推入编码表，合并字典
            self.code.update({i[0]: code})
            code = '1'
            curNode = self.root
        else:
            # 需要判断是不是最后两个元素，如果是，将最后一个元素放入右节点中，
            # 而不是新增节点
```

```
                    if list.index(i) + 2 == len(list):
                        curNode.right = HTNode(i[0], list[-1][0])
                        # 推入树的同时推入编码表，合并字典
                        self.code.update({i[0]: code + '0'})
                        # 最终元素
                        self.code.update({list[-1][0]: code + '1'})
                        # 跳出循环
                        break
                    else:
                        curNode.right = HTNode(i[0])
                        # 推入树的同时推入编码表，合并字典
                        self.code.update({i[0]: code + '0'})
                        code = code + '1'
        print(self.code)
```

可以通过以下代码获取输入内容后转换的最终编码。

```
# 输出 code 表
def output_code(self, input_str):
    code = ''
    for i in input_str:
        code = code + self.code[i]
    print(" 最终编码为: ", code)
```

按次序调用初始化哈夫曼树并且传入用户输入的内容进行树的创建，最终可以获取输入数据之后得到的编码内容。可以使用以下代码进行测试。

```
if _name_ == "_main_":
    # 获得输入的串
    input_str = input(" 输入需要编码的数据 :")
    # 初始化哈夫曼树
    ht = HuffmanTree()
    ht.create(input_str)
    ht.output_code(input_str)
```

输入 4.4.1 节的数据 ABCDAAC，输出的哈夫曼编码如图 4-23 所示，与 4.4.1 节的计算结果一致。

```
F:\anaconda\python.exe H:/book/python-book/python_book_2/src/4/4-4-2.py
输入需要编码的数据:ABCDAAC
排序后的顺序是 [('A', 3), ('C', 2), ('B', 1), ('D', 1)]
{'A': '0', 'C': '10', 'B': '110', 'D': '111'}
最终编码为： 0110101110010

Process finished with exit code 0
```

图 4-23　输出的哈夫曼编码

4.5　小结、习题和练习

4.5.1　小结

本章主要讲解了树和二叉树的相关知识及代码实现。树作为学习的第一个非线性结构，在实际的编程及现实生活中都是非常重要的数据类型和编程思想。第 7 章中还会涉及二叉树，二叉树甚至是其中一些内容的基础结构。

本章介绍的只是二叉树与树的基础知识，大部分并不能用于实践，且很多都是各种概念和如何理解，这些知识点在面试中或者考试中非常重要，也是经常考核的基本内容。读者一定要理解并且记忆二叉树的结构、三种遍历方式，以及树与二叉树的转换。

本章最后介绍了二叉树的一种应用——哈夫曼编码和哈夫曼树，这种对文件存储进行优化和压缩的编码方式至今仍然广泛地使用在编程语言和计算机系统中，也是经常考核的内容之一。

4.5.2　习题和练习

为了更好地理解本章的内容，希望读者可以完成以下习题与相关练习。

习题 1（选择题）：设有一算术表达式的二叉树，如图，它所表达的算术表达式是（　　　）。

　　A. A*B+C/(D*E)+(F−G)

　　B. (A*B+C)/ (D*E)+(F−G)

　　C. (A*B+C)/ ((D*E)+(F−G))

　　D. A*B+C/ D*E+F−G

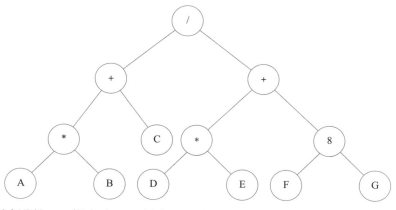

习题2（选择题）：一棵完全二叉树有124个叶子节点，那么它最多有（　　　　）个节点。

A. 247 　　　　B. 248 　　　　　　C. 249 　　　　　　　D. 250

E. 251

习题3（选择题）：度为m的哈夫曼树中，其叶子节点个数为n，则非叶子节点的个数为（　　　）。

A. $n-1$ 　　　　　　　　　　　B. $\dfrac{n}{m}-1$

C. $\dfrac{n-1}{m-1}$ 　　　　　　　　　　D. $\dfrac{n}{m-1}+1$

E. $\dfrac{n+1}{m+1}-1$

习题4：下表给出了一棵二叉树的顺序存储结构，空白表示该节点不存在。请回答下列问题：

（1）画出该二叉树。

（2）给出该二叉树的中序遍历和后序遍历结果。

顺序	1	2	3	4	5	6	7	8	9	10	11	12	13	14	15
元素	A	B	C			D	E							F	

练习1：了解森林和二叉树的转换，尝试编写将森林转换为一棵二叉树的代码。

练习2：了解哈夫曼编码的具体应用，尝试分析哈夫曼编码的优势和劣势。

练习3：尝试在实例代码中更改哈夫曼编码的生成结果，实现不通过编码表而是循环遍历哈夫曼树生成编码。

第 **5** 章

Python 中的图结构

图（graph）和堆（heap）都是非线性数据结构。对于二叉堆而言，更像是一棵完全二叉树的数组对象；对于图而言，节点与节点之间可以任意地存在关系或者不存在关系，最终形成一个网状的数据结构。

📢 本章主要内容

- 什么是图，以及相关的定义和术语。
- 图的存储结构的代码实现。
- 图结构应当如何进行遍历，应当如何和树进行转换。

💡 本章思维导图

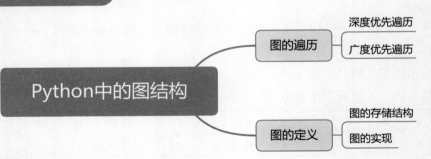

5.1 图的定义与实现

图是非线性结构中较为复杂的一种数据结构，与数据联系单一的线性表对比而言，图结构中所有的数据节点都可能包含与其他节点的相互关系，图中任意的数据元素都可能存在关系。

5.1.1 图的定义

扫一扫，看视频

图和之前学习的线性数据结构有不少相似之处，整张图是由多个数据节点和关系组成的。在线性结构中，每个数据节点都只具有一个前驱节点和一个后继节点，但是在图结构中，所有的数据节点之间可能具有一个或者多个连接关系。

这种复杂的关系就好像是现实生活中的网状结构一样，所有的关系节点都是一个数据节点，绳索就是这些数据节点之间的关系。在实际的数据结构中，图结构并不像现实中的网一样工整，数据节点之间的关系更加错综复杂，这些节点和关系最终形成了一张巨大而复杂的网。

图 5-1 所示的结构就是一个简单的图结构。

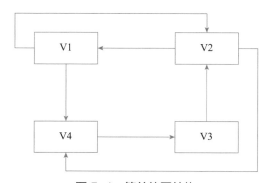

图 5-1　简单的图结构

虽然图结构的逻辑较为复杂，但是这种复杂的关系更加接近现实生活中很多问题的真实关系。图结构在物理、化学、工程、通信甚至语言学和逻辑学中得到了充分的发展和应用。

数学中的离散数学部分更是以图结构为基础的，在图论部分涉及大量图的相关知识和相关应用。本书只是对图结构进行简单讲解。

在图结构中，数据节点的元素一般称为顶点（vertex），连接两个数据节点的关系称为弧

（arc）。例如图 5-1 中，V1 到 V4 的关系箭头连接线，称作 V1 到 V4 的弧。

弧的初始数据元素的节点称为弧尾或者初始节点，而该弧的终端称为弧头或者终端节点。需要注意的是，此时弧具有方向，称为有向图。

如果数据节点之间的关系并不是单方向的，也就是说，数据节点之间不存在顺序，则称该图为无向图。无向图中不需要箭头来表明数据节点之间关系的方向。

对于一个数据节点（也就是顶点）而言，如果存在弧与其他的节点进行连接，且该节点作为弧尾，则称为该节点的出度；如果该节点作为弧头，则称为该节点的入度。出度和入度这两者的加和被认为是该节点的度。

也就是说，对于一个无向图，具有两个节点，这两个节点相互连接，这两个节点的出度和入度分别是 1，节点的度为 2。

图结构中一般还具有以下性质。

（1）使用 n 表示图的顶点（数据节点）数目，使用 e 代表弧（数据关系）的数目，则对于一个无向图，e 的取值范围为 $e \in \left(0, \frac{1}{2}n(n-1)\right)$。当 e 的取值为 $\frac{1}{2}n(n-1)$ 时，称该图为完全图（completed graph）。

（2）在有向图中，如果两个节点互通，需要通过两条弧来表示该关系，则 e 的取值范围为 $e \in (0, n(n-1))$。当 e 的取值为 $n(n-1)$ 时，称该有向图为有向完全图。

（3）如果一张图的数据节点之间的关系稀疏，$e < n\log n$，则称该图为稀疏图（sparse graph）；如果关系较多，则称为稠密图（dense graph）。

5.1.2　图的存储方式

扫一扫，看视频

图的存储结构一般不适合采用顺序存储结构。如果采用多重链表表示图结构，可能因为图中数据的增加而造成更多存储空间的浪费。为了解决这个问题，图结构的存储一般采用以下几种存储方式。

1. 数组表示法

数组表示法又称为邻接矩阵表示法，是指采用两个数组，分别存储数据节点的信息与节点关系的信息。

也就是说，除了一个用于存储节点数据的数组以外，再使用一个矩阵表示该图中节点与节点之间的连通关系。对于图 5-2 所示的有向图结构，应当存在两个数组，如下所示。

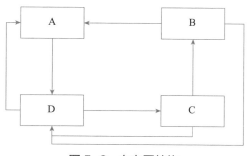

图 5-2　有向图结构

（1）用来存储节点数据的数组：

$$data=[A，B，C，D]$$

（2）用来存储节点关系的数组（矩阵）：

$$arcs=\begin{bmatrix} 0 & 0 & 0 & 1 \\ 1 & 0 & 0 & 1 \\ 0 & 1 & 0 & 1 \\ 1 & 0 & 1 & 0 \end{bmatrix}$$

在矩阵表示的关系中，0 表示数据节点与节点之间不具有连通性（默认自身无法连通自身），1 表示该数据节点可以直接访问对应的节点，其行列的对应矩阵如下所示。

$$arcs=\begin{bmatrix} AA & AB & AC & AD \\ BA & BB & BC & BD \\ CA & CB & CC & CD \\ DA & DB & DC & DD \end{bmatrix}$$

 注意： 上述实例考虑了数据的连通方向，即该邻接矩阵是属于有向图的。如果该图是无向图，则没有必要将所有的节点关系表示出来，只需要上三角矩阵或者下三角矩阵就可以表示节点之间的关系。

2. 邻接表表示法

邻接表（adjacency list）是使用链式存储结构来完成图的存储，这种存储结构针对每个数据节点都建立一个与之连接的链表。每个链表中的数据节点分为三部分，除了数据域以外，还存储了所连接的其他链表节点的索引及下一个链表节点的位置信息。

对于图 5-2 所示的有向图结构，如果使用邻接表进行表示，其最终的链表结构如图 5-3 所示（未标识节点的数据域）。

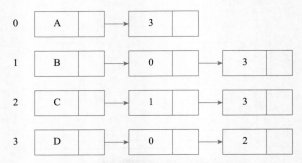

图 5-3　使用邻接表表示有向图结构

图 5-2 中的 A 节点连通了 D 节点，所以在 A 节点作为头部的下一个链表节点存储的是 D 节点的索引，也就是 3。如果还有其他与 A 节点连通的节点，就会不断地在该链表中增加数据。

使用邻接表进行顶点的查找，非常方便，如果需要获取与该节点连通的节点，直接读取该节点作为头部的链表即可。使用邻接表的问题在于，如果该图是无向图，邻接表仍然会存储两次节点与节点的关系。而且如果需要获取所有节点的度，就必须对全部邻接表进行遍历后才能获得。

图 5-3 的邻接表和邻接矩阵对比，可以发现该邻接表中的存储空间并没有明显的优势。一般地，如果是稀疏图，则更加适合用邻接表表示法；如果是稠密图，则采用邻接矩阵表示法可以达到很好的效果。

3. 十字链表表示法

十字链表（orthogonal list）是有向图的另一种链式存储结构，在十字链表中，所有的有向图中的每条弧对应一个节点，对应的每个数据节点也是一个节点。这种表示法主要是通过建立多个相互交错的链表来实现对图结构的模拟。

十字链表结构的头节点仍然是采用图结构的数据节点。不同的是，该头节点包含三部分，除了本身的数据域以外，头节点指向了两个不同的链表，一个链表是以该节点为弧头的所有弧节点，另一个链表是以该节点为弧尾的所有弧节点。

弧节点中存在五个部分，除了基本的数据域以外，可以标识出该弧的弧头数据节点索引、弧尾数据节点索引、弧头相同的下一条弧、弧尾相同的下一条弧。最终将所有的弧和数据节点相连接。

正是因为该链表结构会在节点交错为十字形，所以被称为十字链表结构。对图 5-2 的有向图结构使用十字链表表示，如图 5-4 所示。

图中的每条弧都包含一个弧头和弧尾，通过这些首尾连接的方式，十字链表模拟了图结构，连接了两个数据节点，并表现出其中的关系。

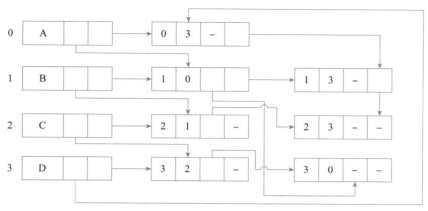

图 5-4　使用十字链表表示有向图结构

例如数据节点 A，其作为弧头连接的第一个弧节点是数据节点 A 到数据节点 D 的弧，表示该弧的链表节点首先需要存储节点 A 的索引 0 及节点 D 的索引 3。此时该节点也是数据节点 D 作为弧尾的第一个弧节点，所以数据节点 D 中保存其作为弧尾链表的第一个节点。

对于该弧节点，需要分别连接下一个以节点 A 作为弧头的其他弧节点（不存在），以及以节点 D 作为弧尾的节点（节点 B 到节点 D 的弧）。

重复上述操作，直到所有的弧节点都成为十字链表的一部分，并且和对应的弧头及弧尾连接，这样就建立了一个完整的十字链表结构。

十字链表结构虽然耗费了存储空间来建立数据与数据之间的连接，但是采用这种结构的优点在于，可以根据数据节点快速地获取一个节点的出度和入度（作为弧头和弧尾的次数），进而根据一方找到连接的另一方。

5.1.3　实例：Python 中图的实现

Python 作为一门在科学计算中非常常用的语言，在数据类型的创建之初就考虑到了图这种数据结构。虽然 Python 没有直接支持图结构，但是通过列表、字典或者集合可以非常简单地实现图结构。

1. 使用邻接矩阵实现

图结构需要两个数组来存储数据，其中一个数组存储数据节点，另一个二维数组存储邻接矩阵。

```
# 图的定义
class Graph(object):
    def _init_(self):
```

```
self.data = None
# 邻接矩阵
self.arcs = []
self.print_result()
```

这里采用 for 循环语句创建二维数组来实现关系的保存，也可以使用 NumPy 库直接创建矩阵。为了方便测试，从用户输入中获取一个以英文逗号分割的字符串，分割后的列表类型认为是数据节点，最终通过这些节点初始化整个邻接矩阵。同时编写一个 print_result() 方法用于打印结果，代码如下所示。

```
# 创建方法
def create(self, input_str):
    # 输入是英文 "," 时进行分割
    self.data = input_str.split(",")
    # 手动创建二维数组
    for i in self.data:
        col = []
        for i in self.data:
            col.append(0)
        self.arcs.append(col)
    self.print_result()
# 打印测试
def print_result(self):
    print(" 数据为: ")
    print(self.data)
    print(" 邻接矩阵是: ")
    print(self.arcs)
```

在邻接矩阵中填充的结果都是 0，初始化邻接矩阵如图 5-5 所示。

```
F:\anaconda\python.exe H:/book/python-book/python_book_2/src/5/5-1-3.py
输入需要图数据节点（使用,分割）：
A, B, C, D, E, F
数据为：
None
邻接矩阵是：
[]
数据为：
['A', 'B', 'C', 'D', 'E', 'F']
邻接矩阵是：
[[0, 0, 0, 0, 0, 0], [0, 0, 0, 0, 0, 0], [0, 0, 0, 0, 0, 0], [0, 0, 0, 0, 0, 0], [0, 0, 0, 0, 0, 0], [0, 0, 0, 0, 0, 0]]
```

图 5-5　初始化邻接矩阵

接下来需要对矩阵中的数据进行更改，默认用户输入的节点关系是以短横杠"–"分割的两个数据节点（已经在创建的图中），通过 data 获取两个节点所在的位置，然后变动矩阵中存储的数据 0 为 1，代码如下所示。

```python
# 添加关系
def add_arc(self, input_str):
    # 输入是英文 "-" 时进行分割
    t = input_str.split("-")
    # 获取输入的元素节点在二维数组中的位置
    index_x = self.data.index(t[0])
    index_y = self.data.index(t[1])
    self.arcs[index_x][index_y] = 1
    # 打印结果
    self.print_result()
```

可以使用以下代码进行测试，插入节点关系之后的结果如图 5-6 所示。

```python
if _name_ == "_main_":
    # 获得输入的串
    input_str = input("输入需要图数据节点（使用，分割）:\n")
    # 初始化的图
    g = Graph()
    g.create(input_str)
    while True:
        input_str = input("输入关系 ( 使用 - 分割 ) : \n")
        g.add_arc(input_str)
```

```
数据为：
['A', 'B', 'C']
邻接矩阵是：
[[0, 0, 0], [0, 0, 0], [0, 0, 0]]
输入关系（使用-分割）：
A-B
数据为：
['A', 'B', 'C']
邻接矩阵是：
[[0, 1, 0], [0, 0, 0], [0, 0, 0]]
输入关系（使用-分割）：
B-C
数据为：
['A', 'B', 'C']
邻接矩阵是：
[[0, 1, 0], [0, 0, 1], [0, 0, 0]]
输入关系（使用-分割）：
```

图 5-6　插入节点关系的邻接矩阵

> **注意：** 不仅如此，Python 还支持科学计算的更多功能。除了 Python 自带的模块和功能函数外，通过 NumPy 这样的第三方库可以更方便地实现矩阵的创建、操作和运算。

2. 使用邻接表实现

在 Python 中，如果邻接表采用字典这种数据类型，其实现非常简单，因为在字典中可以通过键直接获取值，且支持在字典结构中进行搜索和增加数据。

使用字典实现图结构，只需要在该图类中增加一个 data 属性，用于存储一张邻接表，代码如下所示。

```python
# 图的定义
class Graph(object):
    def _init_(self):
        # 邻接表存储的初始化，空字典
        self.data = {}
```

在创建图时，需要将输入的键加入字典对象中，字典中的键用来模拟邻接表的头节点。编写 print_result() 方法进行打印测试，代码如下所示。

```python
# 创建方法
def create(self, input_str):
    # 输入是英文 "," 进行时分割
    t_data = input_str.split(",")
    # 创建邻接表
    for i in t_data:
        # 模拟链表，没有添加内容时为空
        link = []
        # 表头为 key 值
        self.data[i] = link
    self.print_result()
# 打印测试
def print_result(self):
    print(" 邻接表为: ")
    print(self.data)
```

如果对节点之间的弧进行添加，则需要在邻接表中该节点后增加对应的弧尾节点（这里直接增加了弧尾对应的键），代码如下所示。

```python
# 添加关系
def add_arc(self, input_str):
    # 输入是英文"-"时进行分割
    t = input_str.split("-")
    # 获取输入的元素节点在邻接表中的 key 和需要存储的数据
    # 将数据添加到表中
    self.data[t[0]].append(t[1])
    # 打印结果
    self.print_result()
```

使用以下代码进行测试，增加一个有三个节点 A、B、C 的邻接表，增加 A–B、A–C 的关系后，运行结果如图 5-7 所示。

```python
if _name_ == "_main_":
    # 获得输入的串
    input_str = input("输入需要图数据节点（使用 , 分割）:\n")
    # 初始化的图
    g = Graph()
    g.create(input_str)
    while True:
        input_str = input("输入关系（使用 - 分割）:\n")
        g.add_arc(input_str)
```

```
F:\anaconda\python.exe H:/book/python-book/python_book_2/src/5/5-1-3-1.py
输入需要图数据 节点（使用,分割）：
A, B, C
邻接表为：
{'A': [], 'B': [], 'C': []}
输入关系（使用-分割）：
A-B
邻接表为：
{'A': ['B'], 'B': [], 'C': []}
输入关系（使用-分割）：
A-C
邻接表为：
{'A': ['B', 'C'], 'B': [], 'C': []}
输入关系（使用-分割）：
```

图 5-7　用邻接表创建图

5.2 图的遍历

5.1 节介绍了图的基本结构和代码实现，图这种非线性的数据结构是为了解决一些问题而诞生的，如何有效地取得这种数据结构中存储的值是非常重要的一个环节。

在图结构中，希望从一个数据节点出发访问图中的其余所有数据节点，并且全部节点只被访问一次，这就是图的遍历。

在实际的遍历过程中，不同于树的遍历，图的遍历可能会出现访问某一节点后该节点连接的其他节点都已经被访问的情况，所以需要考虑哪种遍历方式可以尽可能地减少这种情况的发生。

图的遍历一般分为两种，一种是深度优先遍历；另一种是广度优先遍历。本节将介绍这两种遍历方式，以及具体的代码实现。

5.2.1　实例：深度优先遍历

深度优先遍历又称为深度优先搜索（depth-first search），这种遍历方式类似于二叉树的先序遍历。从图的某个顶点出发，如果访问的数据节点具有邻接的其他节点，则在访问完该节点后，继续访问未访问的邻接节点。当前访问的节点的所有邻接节点都已经访问后，仍然有其他节点没有被访问，就再选择一个没有被访问的节点开始进行深度优先访问，最终访问完所有节点后，全过程结束。

例如，有图 5-8 所示的有向图结构，如果从节点 A 开始进行深度优先遍历，首先访问节点 B（其实节点 C、D 都可以，这里按照字母顺序作为第二顺序），然后访问节点 C、F、H。此时，节点 H 已经不存在没有访问过的节点，则回退到节点 A，继续访问节点 D、E、G。

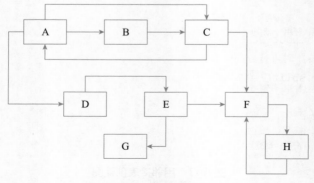

图 5-8　有向图结构

也就是说，图 5-8 的访问顺序是 A → B → C → F → H → D → E → G。整个访问过程是一个递归过程，为了在遍历过程中标识该节点及其被访问过，可以设置一个访问状态量，用来记录该节点被访问过。

可以在 5.1.3 节实现的邻接表的基础上实现这种深度优先遍历，在代码中增加一个 visited 属性，用来记录已经访问过的数据，如以下代码所示。

```python
# 图的定义
class Graph(object):
    def _init_(self):
        # 邻接表存储的初始化，空字典
        self.data = {}
        self.visited = []
```

在该图类中增加一个 search() 方法，用来实现深度优先搜索功能。采用递归的方式，通过传递当前访问节点的 key 值，完成图节点的循环输出，完整代码如下所示。

```python
# 创建方法
def create(self, input_str):
    # 输入是英文 "," 时进行分割
    t_data = input_str.split(",")
    # 创建邻接表
    for i in t_data:
        # 模拟链表，没有添加内容时为空
        link = []
        # 表头为 key 值
        self.data[i] = link
    self.print_result()


# 添加关系
def add_arc(self, input_str):
    # 输入是英文 "-" 时进行分割
    t = input_str.split("-")
    # 获取输入的元素节点在邻接表中的 key 和需要存储的数据
    # 将数据添加到表中
    self.data[t[0]].append(t[1])
    # 打印结果
    self.print_result()
```

```python
# 打印测试
def print_result(self):
    print(" 邻接表为: ")
    print(self.data)


# 深度优先遍历
def search(self, node=None):
    if node not in self.visited:
        print(node, end='->')
        self.visited.append(node)
    # print(self.visited)
    for i in self.data[node]:
        if i in self.visited:
            # 已经访问过
            # print(" 已经访问过了 "+i)
            continue
        else:
            # 递归继续执行
            self.search(i)
    else:
        # 如果该表中所有的节点都已经访问过，则回退一个节点
        if self.visited.index(node)==0:
            return
        else:
            self.search(self.visited[self.visited.index(node)-1])
```

　　基本的实现逻辑是通过传入初始化节点，在邻接表中找到该节点对应的邻接链表，取得其中的第一个值，进行该节点的访问。直到该节点的邻接链表为空或者全部节点都已经被访问后，返回上一个节点。再次访问邻接链表中的其他节点，直到再次回到第一个访问的节点后，完成所有访问。

　　可以使用以下代码进行测试，逐次输入图 5-8 中的图结构和关系，建立邻接表，以实现深度优先搜索。

```python
if _name_ == "_main_":
    # 获得输入的串
    input_str = input(" 输入需要图数据节点（使用 , 分割）:\n")
```

```
# 初始化的图
g = Graph()
g.create(input_str)
while True:
    input_str = input(" 输入关系 ( 使用 - 分割 ) : \n")
    if input_str == "":
        break
    else:
        g.add_arc(input_str)
g.search('A')
```

运行结果如图 5-9 所示，访问顺序是 A→B→C→F→H→D→E→G，与预想的结果一致。

```
输入关系(使用-分割):
H-F
邻接表为:
{'A': ['B', 'C', 'D'], 'B': ['C'], 'C': ['F'], 'D': [], 'E': [], 'F': ['H'], 'G': [], 'H': ['F']}
输入关系(使用-分割):
D-E
邻接表为:
{'A': ['B', 'C', 'D'], 'B': ['C'], 'C': ['F'], 'D': ['E'], 'E': [], 'F': ['H'], 'G': [], 'H': ['F']}
输入关系(使用-分割):
E-F
邻接表为:
{'A': ['B', 'C', 'D'], 'B': ['C'], 'C': ['F'], 'D': ['E'], 'E': ['F'], 'F': ['H'], 'G': [], 'H': ['F']}
输入关系(使用-分割):
E-G
邻接表为:
{'A': ['B', 'C', 'D'], 'B': ['C'], 'C': ['F'], 'D': ['E'], 'E': ['F', 'G'], 'F': ['H'], 'G': [], 'H': ['F']}
输入关系(使用-分割):

A->B->C->F->H->D->E->G->
Process finished with exit code 0
```

图 5-9　深度优先遍历的结果

5.2.2　实例：广度优先遍历

除了深度优先遍历外，对图结构的数据访问还有一种方式，就是广度优先遍历。这种方式和树结构的层次遍历的逻辑差不多，对每个数据节点进行访问时，首先访问该节点本身，然后对该节点连接的所有节点进行访问。

注意：第 4 章中没有讲解树结构的层次遍历，这种遍历方式相对先序遍历来说更容易理解。树结构的层次遍历从根节点开始，逐步进行下一层的访问。

与深度优先遍历不同的是，广度优先遍历适用于稠密图的遍历。这种遍历方式通过每条弧进行节点的访问，所有同一层级的节点将会逐一被访问，等到该层次的所有节点都被访问后，进行下一层节点的访问。直到最下层的所有节点均访问完，则该图中的节点均已经被访问，所有节点应当被记录在已经访问的列表中。

和深度优先遍历一样，除了需要在图类中设置一个 visited 属性，用来保存所有访问过的节点信息外，在使用广度优先遍历时，还需要一个队列数据结构，用来控制数据元素节点层次的输出顺序，这里采用一个列表模拟队列结构，代码如下所示。

```python
# 图实现
class Graph(object):
    def _init_(self):
        # 邻接表存储的初始化，空字典
        self.data = {}
        self.visited = []
        self.search_res = []
```

编写一个 search() 方法来实现广度优先遍历。首先从一个默认节点开始访问，假设该节点为 A，之后访问与该节点直接连接的节点，也就是循环该节点为头节点的邻接表，将所有直接连接的其他节点输出。

再次循环这些节点，查找与其直接连接的其他节点，依次循环输出，直到访问的数据节点的邻接表为空或者所有节点都已经被访问过为止。

如图 5-8 所示的有向图结构，默认由节点 A 开始，首先访问节点 B、C、D，然后访问节点 F、E，最后访问节点 H、G，完成整个图的遍历。

用代码实现时，首先传入一个初始化节点并将其保存在建立的队列 search_res 中，如果该列表不为空，则将列表的第一个元素取出，并以该元素为 key 获取邻接表中的相邻节点列表；如果取得的节点列表中的节点没有被访问过（不在 visited 列表中），则将该节点放入队列中，并将该节点标识为已访问。

如果队列中的全部数据元素已经出队，则认为已经成功地遍历该图。完整的代码如下所示。

```python
# 创建方法
def create(self, input_str):
    # 输入是英文 "," 时进行分割
    t_data = input_str.split(",")
    # 创建邻接表
```

```
    for i in t_data:
        # 模拟链表，没有添加内容时为空
        link = []
        # 表头为 key 值
        self.data[i] = link
    self.print_result()

# 添加关系
def add_arc(self, input_str):
    # 输入是英文 "-" 时进行分割
    t = input_str.split("-")
    # 获取输入的元素节点在邻接表中的 key 和需要存储的数据
    # 将数据添加到表中
    self.data[t[0]].append(t[1])
    # 打印结果
    self.print_result()

# 打印测试
def print_result(self):
    print(" 邻接表为: ")
    print(self.data)

# 广度优先遍历
def search(self, node=None):
    # 需要一个辅助队列，这里直接使用列表
    # 将节点首先放入队列中
    self.search_res.append(node)
    # 初始已访问
    self.visited.append(node)
    while len(self.search_res) > 0:
        # 弹出队列的第一个元素
        k = self.search_res.pop(0)
        # 打印
        print(k, end="->")
        # 循环 k 的邻接表，将该层的所有节点输出
        for i in self.data[k]:
```

```
                # 循环邻接表
                if i not in self.visited:
                    # 设定已访问
                    self.visited.append(i)
                    # 没有访问过则进队
                    self.search_res.append(i)
```

可以使用以下代码进行测试。

```
if _name_ == "_main_":
    # 获得输入的串
    input_str = input("输入需要图数据节点（使用，分割）:\n")
    # 初始化的图
    g = Graph()
    g.create(input_str)
    while True:
        input_str = input("输入关系（使用 - 分割）:\n")
        if input_str == "":
            break
        else:
            g.add_arc(input_str)
    g.search('A')
```

输入如图 5-8 所示的有向图结构，使用广度优先遍历，结果如图 5-10 所示。

```
邻接表为:
{'A': ['B', 'C', 'D'], 'B': ['C'], 'C': ['F', 'A'], 'D': [], 'E': [], 'F': ['H'], 'G': [], 'H': []}
输入关系(使用-分割):
邻接表为:
{'A': ['B', 'C', 'D'], 'B': ['C'], 'C': ['F', 'A'], 'D': ['E'], 'E': [], 'F': ['H'], 'G': [], 'H': []}
输入关系(使用-分割):
邻接表为:
{'A': ['B', 'C', 'D'], 'B': ['C'], 'C': ['F', 'A'], 'D': ['E'], 'E': ['G'], 'F': ['H'], 'G': [], 'H': []}
输入关系(使用-分割):
邻接表为:
{'A': ['B', 'C', 'D'], 'B': ['C'], 'C': ['F', 'A'], 'D': ['E'], 'E': ['G', 'F'], 'F': ['H'], 'G': [], 'H': []}
输入关系(使用-分割):
A->B->C->D->F->E->H->G->
Process finished with exit code 0
```

图 5-10　广度优先遍历的结果

5.3 小结、习题和练习

5.3.1 小结

本章主要介绍了图的基本定义及 Python 的代码实现，并且简单地介绍了图结构的两种遍历方式，即深度优先遍历和广度优先遍历。

熟悉两种遍历方式的不同，可以根据数据节点的输出顺序画出图结构，这是学完本章后应当达到的能力。

图结构是非线性结构的一个重要组成部分。本章仅仅介绍了图结构的算法的基础部分。

与图相关的算法非常多，除了存储数据和完成基本的遍历以外，还有单源最短路径、环问题等算法，这些算法非常重要，会在学习了基本的查找和排序之后介绍。

5.3.2 习题和练习

为了更好地理解本章的内容，希望读者可以完成以下习题与相关练习。

习题1（选择题）：对下面的图结构进行遍历，下列选项中不是广度优先遍历的是（　　）。

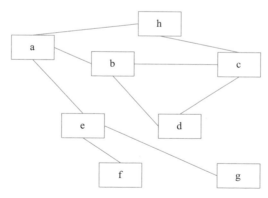

A. h，c，a，b，d，e，g，f　　　　　　B. e，a，f，g，b，h，c，d

C. d，b，c，a，h，e，f，g　　　　　　D. a，b，c，d，h，e，f，g

习题 2（选择题）：设图的邻接矩阵 *A* 如下所示，其各顶点的度依次是（　　　）。

$$A = \begin{bmatrix} 0 & 1 & 0 & 1 \\ 0 & 0 & 1 & 1 \\ 0 & 1 & 0 & 0 \\ 1 & 0 & 0 & 0 \end{bmatrix}$$

A. 1，2，1，2　　　　　　　　B. 2，2，1，1

C. 3，4，2，3　　　　　　　　D. 4，4，2，2

习题 3（选择题）：设无向图的顶点个数为 *n*，则该图最多有（　　　）条边。

A. $n-1$　　　　　　　　　　B. $n(n-1)/2$

C. $n(n+1)/2$　　　　　　　　D. 0

E. n^2

练习 1：使用 Python 描述图结构，尝试使用对象进行十字链表结构的编写。

练习 2：熟练掌握图结构的两种遍历方式，可以根据图结构和遍历方式给出遍历节点的顺序，也可以根据遍历输出节点的顺序绘制图结构。

练习 3：分析深度优先遍历和广度优先遍历的不同，思考为什么会有这两种不同的遍历方式，各自适合怎样的应用场景。

第 6 章

Python 中的查找

　　查找是计算机存储数据的一个非常重要的过程，也是算法之所以存在的意义之一。如何在非常多的数据中快速地找到需要的数据，一直是困扰计算机科学家的重要课题。

　　随着计算机技术的发展，人们提出了大量的查找算法。在大数据时代查找算法被赋予了新的挑战。

扫一扫，看视频

本章主要内容

- 查找的基本概念。
- 顺序查找、折半查找、分块查找的基本方式和代码实现。
- Python 中基本的字符串匹配问题。

本章思维导图

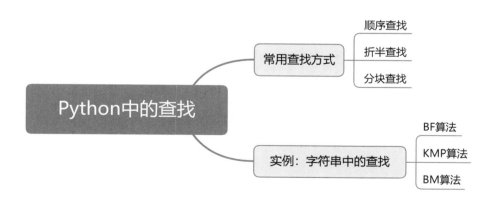

6.1 查找

本节介绍查找的基本概念，以及常用的顺序查找、折半查找和分块查找等查找方式及其应用，分析这些查找算法的时间复杂度。

本节涉及算法执行的时间问题。需要注意的是，每次算法执行的绝对时间都是不对等的，不仅与编程语言本身、代码编写风格、数据规模及目标数据有关，而且与运行计算机的硬件设备有很大关系。本书所有的测试环境都是基于 Windows 10 平台，CPU 为 i3-6100。

6.1.1 查找的基本概念

扫一扫，看视频

查找是在大量数据中找到一个或者一些特定的数据的过程。在计算机编程或者真实世界中，查找都是一种常见的操作，使用关键字进行数据的标识，并且在需要该数据时进行数据的搜索和获取。

计算机中所有数据的保存和使用都离不开查找，这里的数据并不只是存储的文本、图片等，而是指广义上的数据。包括 Python 编程语言本身，在用到某一个函数时怎样在源代码中获取这个函数的具体代码，又或者引入模块时怎样在计算机的文件系统中找到需要的 Python 代码文件，这些过程都是依托于查找算法的。

现实生活中的查找大部分非常简单。在真实世界中使用钥匙打开门这件事，如何在一串钥匙中找到合适的那一把，这个过程就是查找。这种查找可能只需要扫一眼手里的钥匙就可以完成。又或者该门对应的恰好是第一把钥匙，只需要尝试一次就可以打开门，如图 6-1 所示。

图 6-1　门和钥匙的对应关系

如果手里有数十把几乎一模一样的钥匙，甚至有数百把钥匙时，而且每个门对应的钥匙可能是 n 把，一次次尝试钥匙是否匹配，这个过程可能会花费特别多的时间。

要解决这个问题，可以采用一把把钥匙逐一尝试的方法，或者将每把钥匙都打上标签，进而通过标签查找等方法解决。这些查找方式主要是想各种办法在一堆钥匙中最快地找到正确的那一把。

计算机中的事件更是如此。很多数据都是以吉字节（GB）甚至更大的单位存储的，如果一点点地尝试所有的数据是否匹配，则需要大量的时间和资源。

对查找算法的研究，就是为了在花费尽可能少的时间和耗费尽可能少的资源前提下，找到对应的数据。

6.1.2 顺序查找

顺序查找是最简单、最直观的一种查找方式。顺序查找是将所有的数据看作一张线性表，从这个线性表的一端开始（可以是头或者尾），依次查找到线性表的另一端。

如果在查找过程中发现了目标数据，则对目标数据进行输出，并且停止查找。如果将整个线性表从一端查询到另一端，没有找到对应的数据，则返回一个错误或者查询失败的提示。

在线性表中可能出现多个值对应查找值的情况。对顺序查找而言，在找到一个数据后，除非有特殊的需求，否则会直接停止查找。

本节进行的查找采用 cProfile 模块作为性能分析器。为了让整个查找过程持续的时间够长，这里选用较多的数据进行测试，代码如下所示。

```
# Python 性能分析
import cProfile
# 生成随机目标
import random


# 查询数据集
data = range(1, 1000000)
```

为了让目标数据尽可能不被给定的数据影响，这里采用 random 模块生成随机目标值，并且查询 1 000 个随机目标，获取全部结果后得到最终的运行时间，并与其他的查找算法进行对比。

```
def myFun():
    # 需要执行的全部代码
    # 为了对比平均时间，这里使用 while 循环，循环 1000 次
    count = 1000
    while count > 0:
        count = count - 1
        # 每次获得一个随机的目标值
```

```
        target = random.randint(0, 1000000)
        for i in data:
            if i == target:
                print("找到目标值:", target)
                break


cProfile.run('myFun()')
```

在每次 while 循环中都获得一个目标值，通过 for 循环从列表的头部开始查找，查找到这个目标值之后退出循环，顺序查找的结果如图 6-2 所示。

```
找到目标值: 839460
找到目标值: 605463
找到目标值: 392379
找到目标值: 290722
找到目标值: 896284
找到目标值: 466060
        6052 function calls in 45.116 seconds

  Ordered by: standard name

  ncalls  tottime  percall  cumtime  percall filename:lineno(function)
       1   45.044   45.044   45.116   45.116 6-1-2.py:10(myFun)
       1    0.000    0.000   45.116   45.116 <string>:1(<module>)
    1000    0.005    0.000    0.017    0.000 random.py:174(randrange)
    1000    0.003    0.000    0.020    0.000 random.py:218(randint)
    1000    0.010    0.000    0.012    0.000 random.py:224(_randbelow)
       1    0.000    0.000   45.116   45.116 {built-in method builtins.exec}
    1000    0.052    0.000    0.052    0.000 {built-in method builtins.print}
    1000    0.001    0.000    0.001    0.000 {method 'bit_length' of 'int' objects}
       1    0.000    0.000    0.000    0.000 {method 'disable' of '_lsprof.Profiler' objects}
    1048    0.002    0.000    0.002    0.000 {method 'getrandbits' of '_random.Random' objects}
```

图 6-2　顺序查找的结果

对于顺序查找，使用 for...in 循环语句对整个数组进行一次循环。查找某一个数据，如果使用顺序查找，可能在查找的第一次就找到该数据，也可能循环到最后才能找到该数据，其时间复杂度是 $O(n)$。

6.1.3　折半查找

扫一扫，看视频

折半查找又称为二分查找，这种查找方式可以快速地将数据分区进行查找。这种查找算法采用了分而治之的思想，其本身要求数据必须采用顺序存储结构，且这些数据均是有序数据。

折半查找非常简单，从所有数据中取得顺序存储（假设存储中的数据均从小到大排序）的中间点的一个数据，将该值与目标值进行比较。如果该值小于目标值，则证明需要的数据均在选定值的右侧；如果该值大于目标值，则证明需要的数据均在选定值的左侧，如图 6-3 所示。

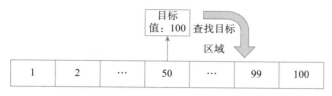

图 6-3　折半查找示意图

接下来在该数据分区的基础上再次进行折半查找，直到选定的值就是目标值为止。例如，对图 6-3 的数据进行查找，具体的查找逻辑如下所示。

（1）在 100 个数据中取中间点，100/2 为 50。

（2）50 与目标值 100 进行比较，小于目标值，查找右侧数据。

（3）在 50~100 中选择中间值 75。

（4）75 与目标值进行比较，小于目标值，查找右侧数据。

（5）选取值 87，小于目标值，查找右侧数据。

（6）选取值 95，小于目标值，查找右侧数据。

（7）选取值 98，小于目标值，查找右侧数据。

（8）选取值 99，小于目标值，查找右侧数据。

（9）找到数据 100，返回成功。

注意：这里的折半查找，本身就是采用一定的规律将所有数据划分为两部分，数据的划分可以采用多种方式，一般会选择所有数据的中间点，但是并不一定必须选择该中间点。本实例采用的方式是直接对所有值的数量除以 2，向上取整。

上述查找 100 这样的数据，如果采用顺序查找，按从小到大的顺序，需要进行 100 次循环的目标值与选定值的对比，才能找到数据 100。采用折半查找进行处理，7 次就可以找到目标数据。

需要注意的是，折半查找并不适用于无序数据。在无序数据中选定中间点是无意义的，因为并不知道数据在选定点的左侧还是右侧。对于无序数据，采用折半查找也需要循环所有的数据，其时间复杂度和顺序查找一样，都是 $O(n)$。而且折半查找中涉及运算和更多变量的创建，其空间复杂度会超过顺序查找。

本实例的代码中仍然采用 random 模块进行随机数的生成，以及采用 cProfile 模块进行性能分析。与顺序查找一样，使用 range() 函数确定一致的查询数据集。在获取目标数据时需要进行中间值的计算，可能会出现 2.5 这样的浮点数，所以这里引入一个 math 模块向上取整。

```python
# Python 性能分析
import cProfile
# 生成随机目标
import random
# 向上取整
import math



# 查询数据集
data = range(1, 1000000)
```

编写 myFun() 函数中的代码内容，重复运行 1 000 次折半查找，对于每次循环，采用递归方式进行数据的划分。编写一个 search() 方法，对比每次传入的目标值和需要查找的列表。完整的代码如下所示。

```python
def myFun():
    # 需要执行的全部代码
    # 为了对比平均时间，这里使用 while 循环，循环 1000 次
    count = 1000
    while count > 0:
        count = count - 1
        # 每次获得一个随机的目标值
        target = random.randint(0, 1000000)
        search(data, target)



# 递归方式进行折半查找
def search(list, target):
    # 需要注意取整方式
    num = math.ceil(len(list) / 2)
    if target == list[num - 1]:
        print("找到目标值 ", target)
    elif target > list[num - 1]:
        # 右侧数据，不包含目标值
        search(list[num:len(list)], target)
    else:
```

```
# 左侧数据，不包含目标值
search(list[0:num], target)
```

```
cProfile.run('myFun()')
```

　　每次的数据切分都采用列表切片的方式，如果目标值小于选定值，则将从 0 到 num 长度的列表作为新的查找目标列表。如果目标值大于选定值，则将从 num 到当前列表最后一位的列表作为新的查找目标列表。

　　折半查找的结果如图 6-4 所示。

```
找到目标值 65841
找到目标值 457685
找到目标值 555707
找到目标值 398624
找到目标值 11542
找到目标值 772088
         71723 function calls (53782 primitive calls) in 0.136 seconds

   Ordered by: standard name

   ncalls  tottime  percall  cumtime  percall filename:lineno(function)
        1    0.003    0.003    0.136    0.136 6-1-3.py:13(myFun)
18941/1000    0.077    0.000    0.125    0.000 6-1-3.py:25(search)
        1    0.000    0.000    0.136    0.136 <string>:1(<module>)
     1000    0.003    0.000    0.007    0.000 random.py:174(randrange)
     1000    0.001    0.000    0.008    0.000 random.py:218(randint)
     1000    0.002    0.000    0.004    0.000 random.py:224(_randbelow)
        1    0.000    0.000    0.136    0.136 {built-in method builtins.exec}
    27790    0.004    0.000    0.004    0.000 {built-in method builtins.len}
     1000    0.029    0.000    0.029    0.000 {built-in method builtins.print}
    18941    0.015    0.000    0.015    0.000 {built-in method math.ceil}
     1000    0.000    0.000    0.000    0.000 {method 'bit_length' of 'int' objects}
        1    0.000    0.000    0.000    0.000 {method 'disable' of '_lsprof.Profiler' objects}
     1047    0.002    0.000    0.002    0.000 {method 'getrandbits' of '_random.Random' objects}
```

图 6-4　折半查找的结果

　　与顺序查找相比，虽然执行的方法多了一个数量级（这是因为在上述代码中为了方便递归，创建了一个新的方法），但是整体的执行时间只花费了不到 1 秒，比顺序查找少了近 45 秒的时间。

　　在执行一次折半查找之后，就排除了一半的数据，折半查找是一种优秀的查找方案。假设最坏的情况下，折半查找需要执行到最终的单侧元素只剩余 1 个为止，有如下等式：

$$n\left(\frac{1}{2}\right)^x = 1$$

　　运算得到结果：

$$2^x = n$$

求得 x 的值为：

$$x = \log_2 n$$

时间复杂度的底数可以看作一个常数，在大量的数据中可以忽略，所以折半查找最终的时间复杂度为 $O(\log n)$。

6.1.4　分块查找

扫一扫，看视频

分块查找相当于顺序查找和折半查找的结合，是对顺序查找的一种改进方案。分块查找需要将所有数据进行分块，要求块间的数据必须是有序的。

假设块是按从小到大排序的，块间的数据有序意味着，块 1 中数据的最大值小于块 2 中的任意元素，其他的有序块同理，如图 6-5 所示。

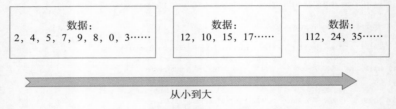

图 6-5　数据的分块从小到大排序

对这种数据的查找需要建立相应的索引，例如选择各个块中的最大关键字，并且将这些关键字建立一个索引表，通过折半查找或者顺序查找的方式获取目标块，再对块中的数据采用顺序查找的方式进行查找。

这种查找方式适用于某些特定的存档数据，是经常使用的一种查找思想。例如查找某一时间的服务器日志文件中的某条日志，首先需要按日期进行文件的选择（块的挑选），这些日志文件都是采用日期方式保存的，也就是说，该日期最晚的一条日志应当是在当日结束之前写入的。找到该日期的日志文件后，打开文件进行浏览，就可以找到目标日志。

6.2　Python中的字符串匹配问题

6.1 节介绍了基本的查找算法的思想，在实际应用中，以顺序查找、折半查找等查找方式作为基础，可以完成很多特别的查找功能。本节将针对常见的字符串查找问题进行讲解，这些问题和解决方法经常出现在实际应用中。

6.2.1　基本字符串的匹配

基本字符串的匹配一般称为暴力匹配（BF 算法），其实就是对顺序查找的一种实际应用，也是在真实编程中经常用到的方法。使用该查询方案，需要进行一对一的对比，如图 6-6 所示。

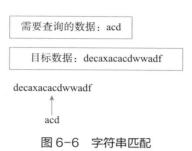

图 6-6　字符串匹配

需要注意的是，这里的字符串并不是一个字符，也就是说，可能会出现字符串 ac 匹配成功，而 d 没有匹配成功这种情况，这时不应当认为匹配成功，应当继续进行匹配。

对于字符串匹配，有两种解决方式。

（1）通过字符串的第一个字符进行查找，找到匹配字符后进行第二个字符的匹配，直到字符串中的所有元素都匹配成功后，返回匹配成功的结果。

（2）直接对需要查找的目标字符串进行切片，每次对比与目标字符串一样长度的字符串，如果不符合，则后移一位进行对比，直到找到目标字符串或者查询失败。

第一种解决方式的实现代码如下所示。

```python
# Python 性能分析
import cProfile

# 查询数据集
data= "abfnuaihdioanbdjnwiuohbduibfcniurbcuibcuabnduiasbcnuiaebfvuiaebfciubbuiasbd
       iuasbdikasbdiujbxbue"
target = "ibcua"

def myFun():
    # 需要执行的全部代码
    i = 0
    for i in range(0, len(data)):
        j = 0
```

```
        while j < len(target):
            if data[i] == target[j]:
                j = j + 1
                i = i + 1
                # 全匹配成功
                if j == len(target):
                    print(" 匹配成功 ")
                    print(data[i-len(target):i])
            else:
                break


cProfile.run('myFun()')
```

上述代码的运行结果如图 6-7 所示。

```
F:\anaconda\python.exe H:/book/python-book/python_book_2/src/6/6-2-1.py
匹配成功
ibcua
        141 function calls in 0.000 seconds

    Ordered by: standard name
```

图 6-7　字符串匹配的结果 1

这种匹配方式采用了两层循环，其时间复杂度是 $O(n^2)$。

如果采用第二种解决方式进行字符串匹配，匹配时采用与目标字符串长度相同的截取字符串，代码如下所示。

```
# Python 性能分析
import cProfile

# 查询数据集
data = "abfnuaihdioanbdjnwiuohbduibfcniurbcuibcuabnduiasbcnuiaebfvuiaebfciubbuiasb
    diuasbdikasbdiujbxbue"
target = "ibcua"

def myFun():
    # 需要执行的全部代码
    i = 0
    for i in range(0, len(data)):
```

```
        if data[i:i + len(target)] == target:
            print(" 匹配成功 ")
            print(data[i:i + len(target)])


cProfile.run('myFun()')
```

上述代码的运行结果如图 6-8 所示。

```
F:\anaconda\python.exe H:/book/python-book/python_book_2/src/6/6-2-1.py
匹配成功
ibcua
        141 function calls in 0.000 seconds


    Ordered by: standard name


    ncalls  tottime  percall  cumtime  percall filename:lineno(function)
        1    0.000    0.000    0.000    0.000 6-2-1.py:8(myFun)
        1    0.000    0.000    0.000    0.000 <string>:1(<module>)
        1    0.000    0.000    0.000    0.000 {built-in method builtins.exec}
```

图 6-8　字符串匹配的结果 2

使用这种方式进行字符串匹配，只需要遍历一次，单纯从算法本身来说，其时间复杂度是 $O(n)$。这并不能说明这种方式是绝对优于第一种方式的，因为在实际的字符串匹配过程中，与目标字符串几乎相同、需要多次循环判定的字符串并不会频繁出现，而且本质上这两种字符串匹配方式是一致的，只不过在第二种方式中使用了编程语言中提供的字符串对比功能进行对比。

6.2.2　KMP 算法

扫一扫，看视频

KMP 算法的全称为 Knuth-Morris-Pratt，即构建前缀表法，对于给定长度的字符串匹配一个其中包含的字符串，是常用的算法。

相对于暴力匹配算法，KMP 算法考虑到匹配字符串时的位移问题。使用暴力匹配算法对比字符串时，如果匹配失败，只会将位移加 1，逐步匹配过程如图 6-9 所示。

图 6-9　逐步匹配过程

采用暴力匹配算法，当图 6-9 中的匹配执行到 acac 与 acab 对比时，对比步骤是：首先对比第一位，a 字符相同；然后对比第二和三位的字符 c 和 a，也相同；最后对比第四位的字符 b 与 c，发现不匹配，进行移位，继续执行匹配操作。

上述操作的问题在于，acac 这个字符串已经和 acab 进行过对比，且已知第四位字符 b 并不是目标字符串 acac 的字符，那么能否将该字符串的对比直接跳过字符 b，而从之后的字符进行对比呢？ KMP 算法就解决了这个问题。

KMP 算法采用了部分匹配表（partial match table，PMT）作为算法匹配的核心。将字符串的前缀集合与后缀集合取交集，将交集中最长元素的长度保存在 PMT 表中。

 注意： 这里需要解释一下字符串前缀集合和后缀集合的概念。一个字符串的前缀集合是该字符串中所有字符按顺序从第一个字符开始直到最后一个字符（不包括最后一个字符）结束的所有字符串的集合。也就是说，对"Hello"这个字符串，其前缀集合为"H，He，Hel，Hell"。字符串的后缀集合是该字符串中所有字符按顺序从最后一个字符开始到第一个字符（不包括第一个字符）结束的所有字符串的集合。对"Hello"这个字符串，其后缀集合为"o，lo，llo，ello"。

对于字符"acac"在字符串匹配到第三个字符 a 时，也就是字符串"aca"，该字符串的前缀集合为"a，ac"，后缀集合为"a，ca"，两个集合取交集为"a"，所以匹配数为 1。同理，取得下一个"acac"字符串，该字符串的前缀集合为"a，ac，aca"，后缀集合为"c，ac，cac"，求出目标字符串的前缀集合和后缀集合的交集为"ac"，该字符串的长度为 2。预处理字符串"acac"的 PMT 表如表 6-1 所示。

表 6-1　预处理字符串"acac"的 PMT 表

元　素	a	c	a	c
最大匹配数	0	0	1	2

可以通过一个更加复杂的例子说明 KMP 算法的匹配过程。

- 目标字符串：ababababx
- 查询字符串：ababababababababababx

首先，对目标字符串进行预处理，形成 PMT 表，如表 6-2 所示。

表 6-2　预处理目标字符串的 PMT 表

元　素	a	b	a	b	a	b	a	b	x
匹配数	0	0	1	2	3	4	5	6	0
索　引	0	1	2	3	4	5	6	7	8

然后，对查询字符串进行匹配，匹配 ababababab 均成功，再次匹配字符 a 时，目标字符串中是字符 x，匹配失败，需要将下次对比的对象进行移动。

可以发现，当前字符 a 虽然与目标字符串中的字符 x 不匹配，但是其本身匹配到目标字符串中的字符 a，其中字符 a 所在的位置为 0,2,4,6，且 x 之前的所有元素都是匹配的。

当前字符 a 对应的应当是目标字符串中的哪一个字符 a 呢？需要注意，在 x 之前目标字符串自己的最大匹配数是 6，这意味着需要查找的字符串中包含 6 位相同的前缀，所以应当将当前字符 a 对应目标字符串的第 6 位字符 a（因为前缀的最大匹配数是 6，所以前方所有对应的元素均相同），从匹配字符串的第 7 位（字符 b）进行匹配。具体的位移位置如图 6-10 所示。

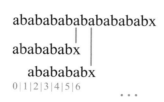

图 6-10　位移位置

如图 6-10 所示，易得该位移位置恰好是目标字符串中 x 前一位字符的最大匹配数。为了便于编写代码，有的 KMP 算法中将 PMT 表中的数据后移一位并将第一位填充数字 -1，该数组称为 next 数组，如表 6-3 所示。

表 6-3　next 数组

元素	a	b	a	b	a	b	a	b	x
匹配数	0	0	1	2	3	4	5	6	0
索引	0	1	2	3	4	5	6	7	8
next	-1	0	0	1	2	3	4	5	6

 注意： 本节介绍的 KMP 算法采用的是适合编程实现和本质原理的 next 数组。但是在实际的题目中，可能出现默认情况为 1 这种情况，只需要将使用本书中计算 next 数组的方法得到的结果的每一位进行加 1 的操作，就可以得到答案。

上述字符串如果通过暴力匹配算法进行匹配，可以通过一个计数器记录，代码如下所示，暴力匹配算法的执行次数如图 6-11 所示。

```
# Python 性能分析
import cProfile
```

```python
# 查询数据集
data = "ababababababababababx"
target = "ababababx"

def myFun():
    # 需要执行的全部代码
    i = 0
    count=0
    for i in range(0, len(data)):
        j = 0
        while j < len(target):
            if data[i] == target[j]:
                j = j + 1
                i = i + 1
                count=count+1
                # 匹配成功
                if j == len(target):
                    print(" 匹配成功 ")
                    print(" 执行次数 :",count)
                    print(data[i-len(target):i])
            else:
                break

cProfile.run('myFun()')
```

```
F:\anaconda\python. exe H:/book/python-book/python_book_2/src/6/6-2-2-1. py
匹配成功
执行次数: 49
ababababx
        150 function calls in 0.000 seconds

  Ordered by: standard name

  ncalls  tottime  percall  cumtime  percall filename:lineno(function)
       1    0.000    0.000    0.000    0.000 6-2-2-1. py:8(myFun)
       1    0.000    0.000    0.000    0.000 <string>:1(<module>)
       1    0.000    0.000    0.000    0.000 {built-in method builtins. exec}
     143    0.000    0.000    0.000    0.000 {built-in method builtins. len}
       3    0.000    0.000    0.000    0.000 {built-in method builtins. print}
       1    0.000    0.000    0.000    0.000 {method 'disable' of '_lsprof. Profiler' objects}


Process finished with exit code 0
```

图 6-11　暴力匹配算法匹配成功的执行次数

理解了 KMP 算法的基本匹配思想，编写代码就相当简单了。可以对 6.2.1 节的暴力匹配算法进行改写。首先编写一个 get_next_array() 方法，用于获取每个字符串的所有前缀集合和后缀集合，并且取得两个集合的交集中最长的字符串，获取 next 列表，具体代码如下。

```python
def get_next_array():
    for i in range(0, len(target) + 1):
        t_l = []
        # 获取所有的前缀集合和后缀集合，存放在临时集合中
        for j in range(0, i):
            t_l.append(target[0:j])
            t_l.append(target[j + 1:i])
        print(t_l)
        max_com = 0
        while len(t_l) > 0:
            # 弹出一个数据进行查找
            t_s = t_l.pop()
            if t_s in t_l:
                # 存在相同子串
                if max_com < len(t_s):
                    print(" 最长子串为 ", t_s)
                    max_com = len(t_s)
        next[i] = max_com
        # 初始化为 -1
        next[0] = -1
    print(next)
```

使用以下的数据集测试，打印获取的 next 列表，如图 6-12 所示。

```python
# 查询数据集
data = "ababababababababx"
target = "abababx"
next = (len(target) + 1) * [0]
```

为了更加方便地查看 next 数组，对 next 数组进行了预填充，因为 next 数组存在位移的操作，所以初始化时规定其长度为比目标字符串的长度多一位。

```
['', 'ba', 'a', 'a', 'ab', '']
最长子串为 a
['', 'bab', 'a', 'ab', 'ab', 'b', 'aba', '']
最长子串为 ab
['', 'baba', 'a', 'aba', 'ab', 'ba', 'aba', 'a', 'abab', '']
最长子串为 a
最长子串为 aba
['', 'babab', 'a', 'abab', 'ab', 'bab', 'aba', 'ab', 'abab', 'b', 'aba', '']
最长子串为 abab
['', 'bababa', 'a', 'ababa', 'ab', 'baba', 'aba', 'aba', 'abab', 'ba', 'ababa', 'a', 'ababab', '']
最长子串为 a
最长子串为 ababa
['', 'bababab', 'a', 'ababab', 'ab', 'babab', 'aba', 'abab', 'abab', 'bab', 'ababa', 'ab', 'ababab', 'b', 'abababa', '']
最长子串为 ababab
['', 'babababx', 'a', 'abababx', 'ab', 'bababx', 'aba', 'ababx', 'abab', 'babx', 'ababa', 'abx', 'ababab', 'bx', 'abababa', 'x', 'ababababx', '']
[-1, 0, 0, 1, 2, 3, 4, 5, 6, 0]
```

图 6-12   获取的 next 列表

这种获取最长子串的方式虽然直观且易于理解，但是算法本身的时间复杂度非常高，而且涉及列表内字符串的对比，且需要创建大量的中间变量，这就意味着这种获取最长子串的方式可能不是最好的。

可以对这种算法进行优化。表 6-3 中存在一个规律：如果后续字符与之前的字符重复后，其最大匹配数增加了 1。

如果不匹配后续字符，则会在前方匹配的基础上回退，直到该字符和之前的某个字符一致后，将之前字符的最大匹配数填入该字符，即找到不符合最长匹配字符串的次长匹配字符串。

 注意: 一定不能因为字符的不一致而直接将该最大匹配数重置为 0，这样会得到错误的 next 列表。

具体的实现代码如下所示。

```python
next2 = (len(target) + 1) * [0]
# 方法二
def get_next():
    next2[0] = -1
    j = -1
    i = 0
    while i < len(target):
        # print(i, j)
        # 对比是否和之前的一致，一致则进行 +1 操作
        if j == -1 or target[i] == target[j]:
            # print(i,j)
```

```
            i = i + 1
            j = j + 1
            next2[i] = j
        else:
            # 如果不一致，则回退对应的位置
            j = next2[j]
    print(next2)
```

针对一个目标字符串，这两种方法获得的 next 列表相同，如图 6-13 所示。

```
[-1, 0, 0, 1, 2, 3, 4, 5, 6, 0]
_____另一种方法_____
[-1, 0, 0, 1, 2, 3, 4, 5, 6, 0]
```

图 6-13　两种方法打印的 next 列表相同

可以通过编写 myFun() 方法进行字符串匹配，并且记录从匹配开始直到匹配成功的执行次数，代码如下所示，运行结果如图 6-14 所示。

```
def myFun():
    # 需要执行的全部代码
    i = 0
    j = 0
    count = 0
    get_next_array()
    print("_____另一种方法 _____")
    get_next()
    while i < len(data) and j < len(target):
        if j == -1 or data[i] == target[j]:
            j = j + 1
            i = i + 1
            count = count + 1
            # 匹配成功
            if j == len(target):
                print(" 匹配成功 ")
                print(" 执行次数: ", count)
                print(data[i - len(target):i])
        else:
            # 移位
            j = next[j]
```

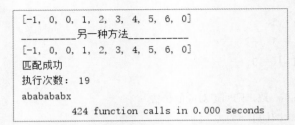

```
[-1, 0, 0, 1, 2, 3, 4, 5, 6, 0]
_____另一种方法_____
[-1, 0, 0, 1, 2, 3, 4, 5, 6, 0]
匹配成功
执行次数：19
abababab x
            424 function calls in 0.000 seconds
```

图 6-14 KMP 算法匹配成功的执行次数

上述代码的 KMP 算法和暴力匹配算法的不同点在于，该匹配是线性的，在对目标字符串进行预处理之后，只通过一层循环就进行了两个字符串的对比，也就是说，该算法的时间复杂度是 $O(n+m)$，其中 m 为需要移动目标字符串的次数。

由此可见，虽然调用的方法数增加了，但是字符串的对比次数明显下降了。对于目标字符串 abababab x，采用 KMP 算法可以极大地提高算法的执行效率，以及减少逻辑判断的次数，在字符串存在大量重复字符时，这种差距更加明显。

6.2.3 BM 算法

扫一扫，看视频

BM（Boyer-Moore）算法又称为后缀匹配算法，是对后缀暴力匹配算法的一种改进算法。这种算法经常用于实现文本编辑器中的字符串查找功能。

BM 算法是一种在 $O(n)$ 时间复杂度内实现的字符串匹配算法，这种算法基于 KMP 算法并通过进行更大跨度的位移来减少对比次数。

对于后缀暴力匹配，如果需要对两个字符串进行对比，从后方进行对比的解决思路是：如果字符串最后的字符是不同的，那么没有必要进行所有字符的对比。这种后缀暴力匹配可以解决一个问题，就是在实际的应用中后缀不同远远要比前缀不同多。这种匹配的本质和前缀暴力匹配一致，理论上时间复杂度是相同的。

后缀暴力匹配的逐步匹配过程如图 6-15 所示。

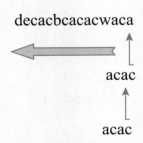

图 6-15 后缀暴力匹配的逐步匹配过程

基于这样的后缀对比，经过改进，最终形成了 BM 算法。在实际应用中，BM 算法甚至比 KMP 算法的效率还高。BM 算法可以提供高效的字符串查找功能，甚至 Linux 系统中的 grep 命令采用的也是 BM 算法。BM 算法存在"坏字符"和"好后缀"两个概念。

BM 算法存在两个跳转表，一个是坏字符表，一个是好后缀表。对于坏字符表，其中保存着输入的属于查询字符串的所有字符，其定义为：如果输入的字符不在需要寻找的目标字符串中，则该字符对应的值为目标字符串的长度；如果该字符在目标字符串中，则其值为该字符在目标字符串中距离字符串末位的距离。

目标字符串和查询字符串如下。

- 目标字符串：ababababx
- 查询字符串：ababacdbababxcbabababx

该目标字符串的坏字符表如表 6-4 所示，是所有需要查询字符串的字符集合。

表6-4　坏字符表

元　素	a	b	c	d	x
值	2	1	9	9	0

元素 a 在目标字符串中，距离最末位的距离是 2，所以值为 2。元素 c 不在目标字符串中，则其值为目标串的长度，为 9。

为什么需要后缀表呢？这是因为如果出现了后缀匹配的情况，只使用坏字符表进行位移，并不能达到最优位置。

好后缀表的概念类似于 KMP 算法中的 PMT 表，不过是后缀之间的关系。例如字符串 abbabcbba 中，其中 a、ba、bba 就是好后缀，因为这些后缀在字符串中出现了不止一次。

如果后缀字符串是匹配的，但是没有完全匹配，则位移应当是该后缀的下标减去目标字符串中和后缀一致的之前字符串对应的下标。

例如，对 abbabcbba 这个字符串，其好后缀表如表 6-5 所示。

表6-5　好后缀表

后缀表	a	ba	bba	cbba
值	5	5	5	不存在对应

对于如下字符串：

- 目标字符串：abbabcbba
- 查询字符串：abbababbaabbabcbba

首先根据字符串确定其坏字符表，如表 6-6 所示。

表 6-6　坏字符表

字　符	a	b	c
值	0	1	3

第一次位移过程如图 6-16 所示，从后向前对比，依次对比字符 a、b、b 一致，然后对比字符 a 和字符 c，不一致。

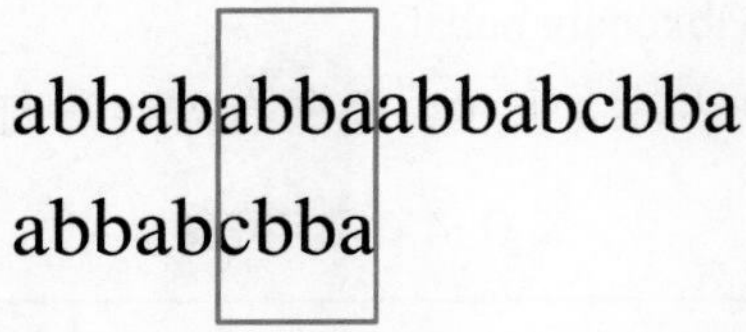

abbababbaabbabcbba
abbabcbba

图 6-16　第一次对比

如果根据坏字符表进行位移，会发现字符 a 对应的是 0，后续均匹配成功，此时认为需要位移 1 位（0-(-1)=1）。实际上查看表 6-5 的好后缀表发现，后缀表的移动值更大，所以按照好后缀表中的值移动 5 位，该后缀和字符串中的内容对应，如图 6-17 所示。

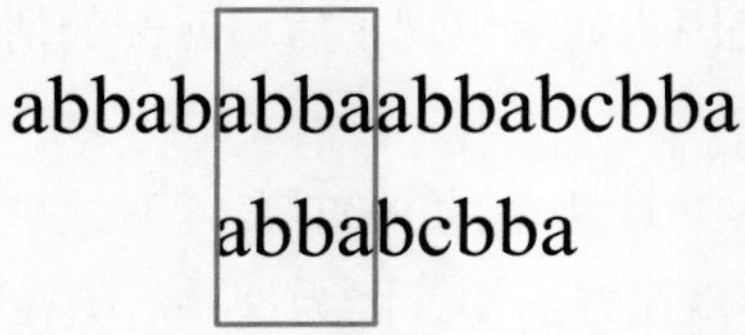

abbababbaabbabcbba
abbabcbba

图 6-17　根据后缀表移动 5 位

接下来对比字符 a 和字符 b，不符且不存在后缀，所以查看表 6-6 的坏字符表，确定位移 1 位。再对比字符 c 和字符 a，仍然不符合表 6-5 的好后缀表，查看表 6-6 的坏字符表，确定位移 3 位，找到目标字符串。

下面可以通过编写代码来实现 BM 算法。为了方便查看和获取值，这里采用字典的形式保存好后缀表和坏字符表，代码如下所示。

```
# Python 性能分析
import cProfile

# 查询数据集
```

```
data = "abbababbaabbabcbba"
target = "abbabcbba"
# 为了方便查看，这里选择字典数据类型
dic1 = {}
dic2 = {}
```

在实际应用中，坏字符表的建立并不需要遍历所有的目标数据，因为有时候输入的数据本身重复较多，可能要远远超过 26 个字符或者字库中的所有文字数。建立坏字符表实际上只和目标字符串有关。

```
# 获取坏字符表
def get_bad():
    for i in data:
        if not dic1.get(i):
            # 获取值，这里使用了 rfind() 方法，该方法是反向查找
            index = target.rfind(i)
            if index > 0:
                dic1[i] = len(target) - index - 1
            else:
                dic1[i] = len(target)
        else:
            continue
```

对于好后缀表的获取，则需要通过循环目标字符串来完成。这种方式必须以该后缀作为键值，需要循环目标字符串的一半长度，代码如下所示。

```
# 获取好后缀表
def get_good():
    # t_list = []
    m_index = len(target) - 1
    # 注意最多只需要循环一半
    for i in range(m_index, int((m_index + 1) / 2) + 1, -1):
        str = target[i:m_index + 1]
        # t_list.append(str)
        index = target[0:i].rfind(str)
        if index > 0:
            dic2[str] = len(target) - index - len(str)
        else:
```

```
                # 不存在，则之后肯定不匹配
                break
        # print(t_list)
```

接下来编写 myFun() 方法来实现对字符串内容的匹配。需要注意的是，匹配过程中应当从后向前匹配，如果字符串匹配成功，则返回结果；如果匹配失败，则进行下一位字符的匹配，代码如下所示。

```
def myFun():
    # 需要执行的全部代码
    get_bad()
    print(dic1)
    get_good()
    print(dic2)
    i = 0
    j = len(target) - 1
    count = 0
    while i < len(data) and j < len(target):
        count = count + 1
        print("对比元素 " + target[j] + ":" + data[j + i],end=" ")
        if target[j] == data[j + i]:
            j = j - 1
            if j < 0:
                print("找到元素 ")
                print(data[i:])
                print("一共执行了:", count)
                break
        else:
            # 获取后缀
            good_num = dic2.get(target[j + 1:])
            bad_num = dic1[data[j]]
            if good_num:
                print("好后缀:", good_num)
                i = i + max(good_num, bad_num)
                j = len(target) - 1
            else:
                #
```

```
                if bad_num == 0:
                    bad_num = 1
                i = i + bad_num
                j = len(target) - 1
            print("坏字符:", bad_num)
```

BM 算法的运行结果如图 6-18 所示。

```
F:\anaconda\python.exe H:/book/python-book/python_book_2/src/6/6-2-3.py
{'a': 0, 'b': 1, 'c': 3}
{'a': 5, 'ba': 5, 'bba': 5}
对比元素a:a 对比元素b:b 对比元素b:b 对比元素c:a 好后缀: 5
坏字符: 0
对比元素a:b 坏字符: 1
对比元素a:c 坏字符: 1
对比元素a:b 坏字符: 1
对比元素a:a 对比元素b:b 对比元素b:b 对比元素c:c 对比元素b:b 对比元素a:a 对比元素b:b 对比元素b:b 对比元素a:a 找到元素
abbabcbba
一共执行了: 17
        126 function calls in 0.000 seconds
```

图 6-18　BM 算法的运行结果

 注意: 与 KMP 算法不同的是，BM 算法对字符串的处理较为复杂，需要形成两张表才能完成匹配操作。实际上对短数据而言，BM 算法并不一定比 KMP 算法优越，甚至需要花费更长的时间。但是 BM 算法在实际的文本处理中优势明显，因为各种语言中的字符都是有限的，用于搜索的内容可能非常长，通过对这些字符建立坏字符表，可以省去大量的对比操作。

6.3　小结、习题和练习

6.3.1　小结

本章主要介绍了基本的查找算法，以及 Python 中常用的字符串匹配的相关算法。这些算法本身都是编程中经常使用的，尤其是字符串的匹配问题，更是完成某些特殊需求时必须用到的。

这些算法本身也是考试或者面试中经常考查的内容，尤其是对折半查找这种采用分治法的考查。对于字符串匹配，除了简单的暴力匹配算法以外，KMP 算法和 BM 算法都是真实采用的实例。

KMP 算法和 BM 算法较为复杂，可能一时难以理解，可以通过编写实例并且尝试打印每一次的输出结果来查看具体的执行步骤。对其中每一次数据的位移问题，一定要明确为什么位移该位数。对字符串匹配还有很多其他算法，同时，对字符串的模式匹配也有很多不同的算法，读者可以自行搜索学习。

如果读者在学校学习过 KMP 算法，可能会发现本书介绍的 KMP 算法甚至计算 next 数组的方式和得到的答案并不相同，这是因为本书从偏向于原理和编程方面进行 PMT 表的计算，而不是直接得到 next 数组，最终 next 数组是进行移位后得到的。

两种 next 数组的差别在于，需要对本书得到的数据进行加 1 运算。

 注意： 本章没有涉及二叉搜索树相关的查找操作，这些内容较为复杂且不易理解，会在之后的树和图的相关算法中单独介绍。

6.3.2　习题和练习

为了更好地理解本章的内容，希望读者可以完成以下习题与相关练习。

习题 1（判断题）：空串和空格串相同。（　　　）

习题 2（选择题）：已知串 S='aaab'，其 next 数组的值为（　　　）。

A. −1，0，1，2　　　　　　　　　　B. 0，0，1，2

C. 0，1，2，0　　　　　　　　　　D. 0，1，0，0

习题 3（选择题）：串 "ababaaababaa" 的 next 数组的值为（　　　）。

A. −101234567888　　　　　　　　B. −101010000101

C. −100123112345　　　　　　　　D. −1012−10121123

习题 4（选择题）：已知串 S="myself"，其子串的数目为（　　　）。

A. 20　　　　　　　　　　　　　　B. 21

C. 22　　　　　　　　　　　　　　D. 23

练习 1：熟练应用本章讲解的各种查找方式，理解字符串的匹配算法的思想和实现过程。

练习 2：尝试编写其他的字符串匹配算法的实现代码，分析其优劣性。

第 **7** 章

Python 中的排序

本章介绍排序算法，这些排序算法是所有算法中的重中之重。大多数编程语言中都提供了效率极高的排序方法，这也说明了排序在计算机编程中的重要性。不仅如此，在众多的面试和考试中，排序都是必不可少的考查内容。

📢 本章主要内容

- 什么是排序算法，排序算法应当具备哪些功能。
- 什么是内部排序和外部排序。
- 常用的内部排序方法和算法的具体实现。
- 常用的外部排序方法和算法的具体实现。
- 排序算法的效率及稳定性，各种排序算法的时间复杂度。

🧑 本章思维导图

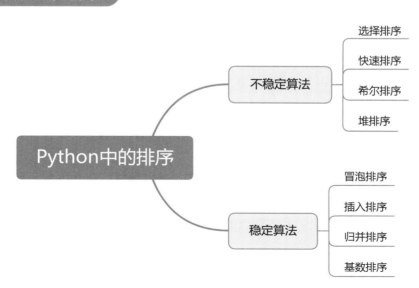

7.1 排序

　　无论是在怎样的数据存储结构中，所有的数据要想得到有效应用，就必须具备一定的规律和顺序。这样的数据才是有用的，而不是没有意义的字符本身。

　　在生活中，几乎所有的内容都涉及排序，无论是学生的考试成绩，还是某些热门饭馆的排队就餐，都会确定一个顺序。如何将这些数据进行有效排序，就是设计排序算法的根本原因。

7.1.1　什么是内部排序

扫一扫，看视频

　　数据在排序中分为内部排序和外部排序。内部排序是指待排序列完全存放在内存中的排序过程。这种排序方式适用于小规模的数据。Python 中最常见的内部排序是通过内置排序函数 sorted() 完成的对一个可迭代对象的排序，代码如下所示。

```python
list = [29, 39, 11, 2, 345, 123, 565, 67, 88, 33, 42, 57]

# 内置排序函数
new_list = sorted(list)
print("排序前: ", list)
print("排序后: ", new_list)
```

　　运行结果如图 7-1 所示。这里使用的是列表数据结构，所以使用 list 对象中提供的 sorted() 方法也可以达到相同的结果。

```
F:\anaconda\python.exe H:/book/python-book/python_book_2/src/7/7-1-1.py
排序前: [29, 39, 11, 2, 345, 123, 565, 67, 88, 33, 42, 57]
排序后: [2, 11, 29, 33, 39, 42, 57, 67, 88, 123, 345, 565]

Process finished with exit code 0
```

图 7-1　内置排序函数的运行结果

　　本节介绍的基本排序方法并不是使用 Python 的内置排序函数进行操作，而是介绍具体的排序过程和每一步的具体执行。

　　常见的内部排序方法有：插入排序、快速排序、选择排序、合并排序、冒泡排序、希尔排序及基数排序。

　　在实际的排序算法中，除了上述列出的一些常用算法，还有很多通用或者专用的算法，甚至有一些神奇但是实际上不太可行的方法，例如猴子排序。如果读者曾经听闻过猴子排序这个神奇的算法，那么可能知道这个排序算法可能达到最佳的时间复杂度，该算法本质上是对序列中的所有数据进行随机排序，在最优情况下可以达到一次执行就将排序后的正确结果输出，也就是说该算法的最优时间复杂度是线性的 $O(n)$。

猴子排序的最优情况一般只存在于理论上，在实际应用中并没有任何软件会使用这样一种可能执行得飞快，也可能永远无法执行完的排序算法。

 注意： 在算法世界中还有很多有趣的算法和思想，如果感兴趣，可以自行阅读相关书籍或者文献。

7.1.2　什么是外部排序

扫一扫，看视频

外部排序是指对无法一次性存入内存的数据进行的排序操作。这些数据可能是因为体积太大无法一次性装入内存，需要在内存和外部存储器中进行多次数据的交换才能完成排序。

众所周知，一台计算机的操作反应速度和计算机的 CPU 有绝对的关系。无论现代计算机采用的是怎样的 CPU，频率是多少或者核心有多少个，当该 CPU 100% 被占用时，是无法处理新任务的。

新进入的任务需要进行等待，由于多核心和多线程技术的出现，用户直观上觉察不到一个 CPU 核心中同一时间只能执行一个任务。单核心 CPU 中，本质是任务依次执行的流水线设计。

 注意： 对于多核心 CPU，所有的核心都是真实并行的，但是核心不只是单纯地独自运行，多核心 CPU 技术涉及核心的分离执行和多核心的数据交换技术。

所有任务在 CPU 中都是依次执行的，CPU 执行任务时，一定会读取数据或者对数据进行处理，这些数据会被临时存放在内存中，直到所有的数据处理完成后，CPU 才完成了该任务，会将该任务退出，同时将内存中与该任务有关的临时数据清除，接着执行下一个任务。

上述流程时时刻刻发生在每台处于开机状态的计算机中，每次鼠标的移动或者键盘的敲击，内存中的数据都会发生变化。计算机的内存比较昂贵，不适合保存大量的数据，计算机的内存一般都是有限的。

对于大量的数据处理，例如播放高清电影，只有几吉字节的内存自然不能满足电影数据的存储操作，这时就需要有外部存储设备，随之出现了硬盘。

硬盘属于计算机的外部存储系统。外部存储系统的意义在于，CPU 并不会直接处理硬盘中的数据，而是通过内存对硬盘中的数据进行读取，数据在内存中进行处理或者修改，最终重写入硬盘中做持久化保存。这也是内存设计为随时读写且不持久化保存数据的原因。

一个任务的执行顺序和数据的读取如图 7-2 所示。

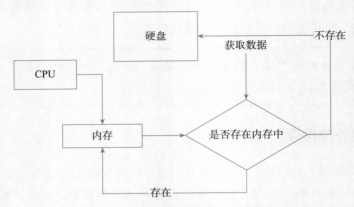

图 7-2　任务的执行顺序和数据的读取

所有的数据被读入内存后才能被读取或者处理。如果一次性读入大量的数据，就会造成内存占用过大，导致卡顿、蓝屏甚至无法读取的情况发生。

对于如下程序，如果读入一个非常大的文件，会出现内存溢出的错误。

```python
with open(file_path, 'rb') as f:
    for line in f.readlines():
        print(line)
```

 注意：随着计算机 CPU 技术的发展，如今计算机的性能瓶颈往往是对外部存储数据进行输入 / 输出的过程，这也是固态硬盘（SSD）可以极大地提升用户体验的原因。

外部排序算法就是对这些无法一次性装入内存中的数据进行排序，在算法执行过程中持续地进行内存与外存的数据读取和交换，最终可以在尽可能地节省资源的基础上完成对数据的排序工作。

最常用的外部排序算法是多路归并排序，将需要排序的数据文件分解成多个能够一次性装入内存的数据块，再把每个数据块调入内存，完成该数据块文件的排序，最后对已经排序的数据块进行归并排序。

7.1.3 排序算法的效率与稳定性

扫一扫，看视频

对于任何一个排序算法而言，并不能保证将任何一个输入的数据在某一个具体的次数内完成排序。

算法的效率是指算法执行的具体时间，这些算法在执行过程中最快（时间最短）能达到输出有序，称为最优效率。对于同等规模的数据，如果耗费的时间最长，则称为最差效率。当输入数据的规模不变时，算法效率在理论上的平均数称为平均效率。

最优效率和最差效率并不能衡量一个算法的优越性。7.1.1 节提到的猴子排序的最优效率是 $O(n)$，甚至在具体执行时能达到 $O(1)$ 的级别。但是这个算法的最差效率是 $O(n!)$，甚至在具体执行时可能永远无法获得有序序列。

一般而言，考虑一个算法的优越性，着重考虑的应当是算法的最差效率。类似于猴子排序，该算法的最优效率甚至平均效率都不是最差的，但是考虑到其最差效率，这个算法并不是一个好的选择。

另一个概念是排序算法的稳定性问题。一个算法在排序过程中，除了需要移动的一个元素以外，其余所有元素均保持原有的顺序，就称这个算法是稳定的。

算法的稳定和不稳定，对单纯的数字、列表的排序是无意义的，这类数据的排序采用稳定或者不稳定的算法并不会得到不一样的结果。对某些复杂对象进行排序时，这些对象本身的原始顺序可能是有意义的，如果采用不稳定的算法，则会让原始顺序的意义消失甚至改变。

在内部排序中，稳定的算法包括冒泡排序、插入排序、归并排序、基数排序；不稳定的算法包括选择排序、快速排序、希尔排序、堆排序。

7.2 插入排序

本节介绍内部排序中最简单的插入排序。插入排序是将数据元素从原本的位置取出，插入该元素需要存放的位置中。常见的插入排序有三种，分别是直接插入排序、折半插入排序、希尔排序。

7.2.1 直接插入排序

直接插入排序是将数据本身插入合适的位置，是一种非常简单的排序方式。这种排序方式需要的是一个有序的列表和要排序的数据，简单来说，就是将要排序的数据逐次存放在一个有序的新列表中，新列表就是排序后的结果。

扫一扫，看视频

例如，有如下数据：

```
23,14,55,778,22,33,1,4
```

直接插入排序并不是对这个数据列表进行更改，而是创建一个新的列表，用于存放有序的数据，最终得到的是一个新的列表，排序结果如下所示。

```
1, 4, 14, 22, 23, 33, 55, 778
```

这也意味着原本的数据列表仍然存在，且没有做任何改变。通过循环逐次取出数据的过程称为插入过程。

如果数据需要从小到大排序，排序过程如下：

（1）从列表中取出数据 23，因为新的排序列表为空，所以直接将 23 放入该列表中。

（2）取出数据 14，该值和有序列表中的数据进行对比，有序列表的第一位是 23，该值小于 23，则将 14 排在 23 前方。

（3）取出数据 55，和数据 14 进行对比，大于 14，后移一位，再与数据 23 进行对比，大于 23，则将 55 放在 23 之后。

（4）重复上述排序操作，直到所有数据完成排序，得到最终的排序结果。

使用 Python 编写直接插入排序的代码，如下所示。

```python
# Python 性能分析
import cProfile


list = [23, 14, 55, 778, 22, 33, 1, 4]
list_result = []



def myFun():
    # 需要执行的全部代码
    for i in list:
        # 判断有序列表为空时，当前元素直接添加到有序列表中
        if len(list_result) == 0:
            list_result.append(i)
        else:
            # 初始化排序索引
            index = 0
            while index < len(list_result):
                # 判断是否可以插入目标元素
```

```
                    if list_result[index] < i:
                        index = index + 1
                    else:
                        # 直接调用列表中的插入函数进行插入
                        list_result.insert(index, i)
                        break
                # 循环所有的排序后，如果发现目标元素大于所有的有序列表中的元素，则直接插入
                if index == len(list_result):
                    list_result.append(i)
    print(list_result)


cProfile.run('myFun()')
```

运行结果如图 7-3 所示，排序后得到有序列表。

```
F:\anaconda\python.exe H:/book/python-book/python_book_2/src/7/7-2-1.py
[1, 4, 14, 22, 23, 33, 55, 778]
         45 function calls in 0.000 seconds

   Ordered by: standard name

   ncalls  tottime  percall  cumtime  percall filename:lineno(function)
        1    0.000    0.000    0.000    0.000 7-2-1.py:8(myFun)
        1    0.000    0.000    0.000    0.000 <string>:1(<module>)
        1    0.000    0.000    0.000    0.000 {built-in method builtins.exec}
       32    0.000    0.000    0.000    0.000 {built-in method builtins.len}
        1    0.000    0.000    0.000    0.000 {built-in method builtins.print}
        3    0.000    0.000    0.000    0.000 {method 'append' of 'list' objects}
        1    0.000    0.000    0.000    0.000 {method 'disable' of '_lsprof.Profiler' objects}
        5    0.000    0.000    0.000    0.000 {method 'insert' of 'list' objects}
```

图 7-3　直接插入排序的结果

在直接插入排序中需要进行两次列表的循环，所以直接插入排序的时间复杂度是 $O(n^2)$。这种排序方式虽然容易理解，但是排序效率和排序性能并没有优势，在处理大量的数据时非常耗费时间和资源。

7.2.2　折半插入排序

折半插入排序是针对直接插入排序的一种优化算法，这种算法的优势在于减少了在插入过程中寻找目标位置的次数。

7.2.1 节的直接插入排序，在每次有新的数据需要排序时，会从有序列表的第一位开始进行大小的判断，直到找到合适的位置进行数据插入为止。直接插入排序虽然方便理解，但是每次需要从开始的位置进行判断。如果新的数据大于有序列表中所有的数据，则需要从开始一直找到结尾，最终进行数据插入。

因为需要插入的目标列表是有序的，所以寻找插入的目标位置的过程可以简化。折半插入排序与折半查找一样，采用了分治法的思想，利用有序列表的性质，减少了针对目标位置的位移次数。

对折半插入排序而言，获取数据的方式不变，但是在寻找插入的目标位置时，不会重置 index 的值为开始位置，而是选择当前有序列表的一半的索引位置。如果索引值对应的数据大于当前需要插入的数据，则需要向前查找；如果索引值对应的数据小于当前需要插入的数据，则需要向后查找。

例如，有如下数据：

```
23,14,55,778,22,33,1,4
```

排序过程如下所示。

（1）取出数据 23，因为新的有序列表为空，所以将 23 直接放入该列表中。

（2）需要插入数据 14，当前数据列表的长度为 1，数据 14 和 23 进行对比，14 小于 23，且没有其他元素，将 14 插入 23 之前。

（3）需要插入数据 55，当前数据列表的长度为 2，将长度除以 2，得到的结果为 1，取得列表中索引为 1 的数据 23，与数据 55 进行对比，55 大于 23，且之后没有其他元素，则将 55 插入 23 之后。

（4）依次插入其他数据，直到所有数据成为有序列表为止。

折半插入排序的 Python 实现代码，如下所示。

```python
# Python 性能分析
import cProfile


list = [23, 14, 55, 778, 22, 33, 1, 4]
list_result = []



def myFun():
    # 需要执行的全部代码
    for i in list:
        # 判断有序列表为空时，当前元素直接添加到有序列表中
```

```python
        if len(list_result) == 0:
            list_result.append(i)
        else:
            # 初始化排序索引为当前有序列表中数据的一半，向下取整
            index = int(len(list_result) / 2)
            print(" 求得中间点是：", index)
            if list_result[index] < i:
                print(index)
                print(i)
                print(list_result)
                # 查找右方
                while index < len(list_result):
                    if list_result[index] < i:
                        index = index + 1
                        print(" 右移一位 ", index)
                    else:
                        # 直接调用列表中的插入函数进行插入
                        list_result.insert(index, i)
                        break
                # 循环所有的排序后，如果发现目标元素大于所有的有序列表中的元素，则直接插入
                if index == len(list_result):
                    list_result.append(i)
            # 小于目标数据
            elif list_result[index] > i:
                print(index)
                print(i)
                print(list_result)
                while index >= 0:
                    if list_result[index] > i:
                        index = index - 1
                        print(" 左移一位 ", index)
                    else:
                        # 直接调用列表中的插入函数进行插入
                        if index == 0:
                            # 需要进行判断，这是因为 insert() 函数中 index 如果为 0,
                            # 并非从 0 元素后插入，而是从列表的头部插入
                            index = index + 1
                        list_result.insert(index, i)
                        break
```

```
            if index == -1:
                # 需要注意的是，当 index 为 0 时，insert() 函数会从头部插入数据
                list_result.insert(0, i)
        print(" 得到结果: ", list_result)
    print(list_result)


cProfile.run('myFun()')
```

运行结果如图 7-4 所示。

```
得到结果: [1, 4, 14, 22, 23, 33, 55, 778]
[1, 4, 14, 22, 23, 33, 55, 778]
        87 function calls in 0.000 seconds

   Ordered by: standard name

   ncalls  tottime  percall  cumtime  percall filename:lineno(function)
        1    0.000    0.000    0.000    0.000 7-2-2.py:8(myFun)
        1    0.000    0.000    0.000    0.000 <string>:1(<module>)
        1    0.000    0.000    0.000    0.000 {built-in method builtins.exec}
       25    0.000    0.000    0.000    0.000 {built-in method builtins.len}
       50    0.000    0.000    0.000    0.000 {built-in method builtins.print}
        3    0.000    0.000    0.000    0.000 {method 'append' of 'list' objects}
        1    0.000    0.000    0.000    0.000 {method 'disable' of '_lsprof.Profiler' objects}
        5    0.000    0.000    0.000    0.000 {method 'insert' of 'list' objects}
```

图 7-4　折半插入排序的结果

　　需要注意的是，虽然折半插入排序减少了查找目标位置的次数和时间，最终的性能应当是优于直接插入排序的，但是实际上数据的移动次数并没有改变，所以折半插入排序的时间复杂度仍然是 $O(n^2)$。

7.2.3　希尔排序

扫一扫，看视频

　　希尔排序又称为缩小增量排序，也是基于直接插入排序的一种优化算法。与其他的插入排序方式相比，希尔排序可以达到比较高的排序效率。

　　希尔排序是不稳定的排序算法，其采用分组方式进行排序。当要排序的数据是相对有序时，使用直接插入排序能达到 $O(n)$ 的时间复杂度（只需要循环一次，数据即可完成排序）。当要排序的数据的所有分组都是相对有序时，合并这些数据可以极大地减少数据的对比次数和数据的移动次数。

　　希尔排序是把所有数据按一定增量进行分组，对每个分组的数据使用直接插入排序进行

排序。随着数据增量的逐渐减少，每个分组包含的数据相对有序时，此时插入排序的效率会大幅上升。

例如，有如下数据：

```
23, 14, 55, 778, 22, 33, 1, 4
```

希尔排序的第一步如图 7-5 所示，这里选择的增量是所有数据量的一半，第一次排序的增量是 4。

```
                    23 14 55 778 22 33 1 4
              23    交换    22
                    14        33
                        55    交换    1
                        778   交换    4
第一次排序：22 14 1 4 23 33 55 778
```

图 7-5　希尔排序的第一步

在第一次排序中，首先对比增量对应的数据 23 和 22 的大小，如果前者大于后者，则交换两者的位置；如果前者小于后者，则不改变元素的位置。经过第一次排序后，得到的结果并没有达到有序。接着取第二次排序的增量，该增量应当小于第一次排序的增量。

最优增量的选取在实际应用中是一个非常复杂的问题。这里因为需要排序的数据不多，可以直接将上一次的增量值除以 2，得到第二次排序的增量是 2。

对经过第一次排序后的数列进行增量为 2 的排序，具体的交换过程如图 7-6 所示。

```
                    22 14 1 4 23 33 55 778
更改增量为2    1    22
                    4 14
                        22 23
                        14    33
                            23    55
                                33    778
第二次排序：1 4 22 14 23 33 55 778
```

图 7-6　希尔排序的第二步

经过增量为 2 的排序后，整个数列更加有序了，此时更改增量为 1 进行排序，可以得到最终的排序结果，如图 7-7 所示，排序结束。

```
更改增量为1    1 4 22 14 23 33 55 778
最终的排序结果：1 4 14 22 23 33 55 778
```

图 7-7　希尔排序的第三步

使用 Python 代码编写上述排序过程，如下所示。

```python
# Python 性能分析
import cProfile


list = [23, 14, 55, 778, 22, 33, 1, 4]



def myFun():
    # 需要执行的全部代码
    # 取得增量，这里增量直接取数据量的一半进行排序
    index = int(len(list) / 2)
    while index > 0:
        # 根据增量逐个改变数据的顺序
        for i in range(index, len(list)):
            # 临时用来存储数据的变量，希尔排序是不稳定的，可能会改变原数据的顺序
            temp = list[i]
            j = i - index
            # 交换两个数据
            while j >= 0 and list[j] > temp:
                print(" 更改位置 ",(temp,list[j]))
                list[j + index] = list[j]
                j = j - index
                list[j + index] = temp
        index = int(index / 2)
        print(list)
    print(list)


cProfile.run('myFun()')
```

上述代码中选择了列表长度除以 2 作为增量（使用 int() 方法进行强制转换取整），后续的增量是对之前的增量除以 2 得到的。读者可以根据要排序的数据的特点选择其他增量来尝试理解希尔排序。希尔排序的结果如图 7-8 所示。

```
F:\anaconda\python.exe H:/book/python-book/python_book_2/src/7/7-2-3.py
更改位置 (22, 23)
更改位置 (1, 55)
更改位置 (4, 778)
[22, 14, 1, 4, 23, 33, 55, 778]
更改位置 (1, 22)
更改位置 (4, 14)
[1, 4, 22, 14, 23, 33, 55, 778]
更改位置 (14, 22)
[1, 4, 14, 22, 23, 33, 55, 778]
[1, 4, 14, 22, 23, 33, 55, 778]
         18 function calls in 0.000 seconds

   Ordered by: standard name

   ncalls  tottime  percall  cumtime  percall filename:lineno(function)
        1    0.000    0.000    0.000    0.000 7-2-3.py:7(myFun)
        1    0.000    0.000    0.000    0.000 <string>:1(<module>)
        1    0.000    0.000    0.000    0.000 {built-in method builtins.exec}
        4    0.000    0.000    0.000    0.000 {built-in method builtins.len}
       10    0.000    0.000    0.000    0.000 {built-in method builtins.print}
        1    0.000    0.000    0.000    0.000 {method 'disable' of '_lsprof.Profiler' objects}
```

图 7-8　希尔排序的结果

相对于直接插入排序而言，希尔排序可以达到非常高的效率，在处理大量数据的排序时，效率的提升非常明显。

当然，希尔排序并不是万能的，在实际的数据操作中，希尔排序的时间复杂度是 $O(n^{2/3})$，对大型数据的排序，希尔排序不如快速排序。而且对希尔排序的增量的选择本身就很困难，因为不能保证选取的增量是最优的。同时希尔排序的增量序列中的值最好没有除 1 之外的公因子，而且要求最后一次排序的增量必须为 1。

7.3　交换排序

除了 7.2 节介绍的插入排序以外，还存在另一种排序方式——交换排序，通过交换数据元素的位置使数列有序，而不是将数据取出并插入新的数列中来形成有序数列。

相对于插入排序，交换排序具有优秀的时间复杂度和空间复杂度，在很多场合均可以使用。常见的交换排序有冒泡排序和快速排序。虽然在排序过程中涉及数据的交换，但是这并不意味着交换排序是不稳定的排序。

7.3.1　冒泡排序

扫一扫，看视频

冒泡排序是非常著名的一种排序算法。虽然冒泡排序的排序效率不高，但是它易于理解且实现代码简单。冒泡排序是很多求职面试中的必考题。

冒泡排序又称为起泡排序，排序时数据的交换如水中的气泡一样，从原来的位置和旁边的数据逐一交换，最终到达该数据应当存放的位置为止。所有的数据经过上述"冒泡"过程，最终形成的数据列表就是有序的了。

例如，有如下数据：

```
23,14,55,778,22,33,1,4
```

使用冒泡排序，排序过程如下所示。

（1）对比数据 23 和 14，23 大于 14，两者交换位置，得到序列 14, 23, 55, 778, 22, 33, 1, 4。

（2）对比数据 23 和 55，23 小于 55，不交换位置。

（3）对比数据 55 和 778，不交换位置。

（4）对比数据 778 和 22，778 大于 22，两者交换位置。

（5）对比数据 778 和 33，778 大于 33，两者交换位置。

（6）对比数据 778 和 1，778 大于 1，两者交换位置。

（7）对比数据 778 和 4，778 大于 4，两者交换位置，此时数据 778 到达最终位置，也就是说，778 是该序列中的最大数，完成第一趟冒泡排序。

（8）再次开始第二趟冒泡排序，找到次大数，直到完成所有数据的排序为止。

使用 Python 代码编写上述冒泡过程，如下所示。

```python
# Python 性能分析
import cProfile


list = [23, 14, 55, 778, 22, 33, 1, 4]



def myFun():
    # 需要执行的全部代码
    max = len(list) - 1
    # 循环冒泡过程
    while max > 0:
        # 每一次确定最大数的位置
        for i in range(0, max):
```

```
            if list[i] > list[i + 1]:
                # 交换
                temp = list[i]
                list[i] = list[i + 1]
                list[i + 1] = temp
        max = max - 1
    print(list)


cProfile.run('myFun()')
```

运行结果如图 7-9 所示。

```
F:\anaconda\python.exe H:/book/python-book/python_book_2/src/7/7-3-1.py
[1, 4, 14, 22, 23, 33, 55, 778]
         6 function calls in 0.000 seconds

   Ordered by: standard name

   ncalls  tottime  percall  cumtime  percall filename:lineno(function)
        1    0.000    0.000    0.000    0.000 7-3-1.py:7(myFun)
        1    0.000    0.000    0.000    0.000 <string>:1(<module>)
        1    0.000    0.000    0.000    0.000 {built-in method builtins.exec}
        1    0.000    0.000    0.000    0.000 {built-in method builtins.len}
        1    0.000    0.000    0.000    0.000 {built-in method builtins.print}
        1    0.000    0.000    0.000    0.000 {method 'disable' of '_lsprof.Profiler' objects}
```

图 7-9　冒泡排序的结果

冒泡排序的每一趟冒泡排序都可以将一个数字排到正确的位置，这样需要对比的数据量逐趟减少，但是其时间复杂度并没有大幅度下降，在所有数据均反向的情况下，冒泡排序的时间复杂度仍然是 $O(n^2)$。虽然每一趟冒泡排序都可以减少一位数据的对比，但是对平均时间复杂度的下降影响并不大。

7.3.2　快速排序

交换排序中另一种常用的排序算法是快速排序，常常简称为"快排"。快速排序是冒泡排序的一种改进算法，这种排序算法非常快速。快速排序也是采用分治法的思想对数据进行分割后完成的。

扫一扫，看视频

快速排序是由 C. A. R. Hoare 在 1960 年提出的。快速排序采用了数据的多次比较和数据的交换实现排序，该算法是不稳定的。数据之间的交换导致所有参与排序的数据位置发生改变。

快速排序算法中非常重要的一个步骤是选择一个数据作为关键数据，将所有比该数据小的数据存放在该数据的左边，比该数据大的数据存放在该数据的右边。然后依次对这两部分数据进行快速排序，直到执行到需要排序的数据个数为 1 时，对比结束。通过这种采用递归的思想不断地重复快速排序，最后可以得到一组有序的数据。

例如，有如下数据：

```
23,14,55,778,22,33,1,4
```

使用快速排序，需要随机地选择一个数据作为关键数据，对快速排序的效率而言，这个关键数据的选择并没有希尔排序中的增量选择那么重要。这里选择数据列表长度除以 2 的位置对应的元素作为关键数据。使用快速排序算法进行数据的对比和交换的过程如下所示。

（1）取第一个关键数据的位置为 4，对应的数据是 22。

（2）将所有的数据和 22 对比，确定数据 22 的位置，将比 22 小的数据（14，1，4）放在 22 的左边；比 22 大的数据（23，55，778，33）放在 22 的右边。

（3）分别对（14，1，4）和（23，55，778，33）这两个部分的数据再次进行快速排序，选择对应的关键数据 14 和 778，再次进行数据元素的对比和交换。

（4）直到需要排序的元素个数为 1，整个排序过程结束，得到一个有序的列表。

在 Python 中可以采用递归的思想实现快速排序，代码如下所示。

```python
# Python 性能分析
import cProfile
import random


def myFun():
    # 需要执行的全部代码
    quick_sort(0, len(list))
    print(list)



def quick_sort(min, max):

    # 快速排序算法
    # 取关键数据，这里直接取数据列表长度一半位置的数据
    index = int((max-min) / 2+min)
    if index == min:
        return
```

```
        i = min
        while i < max:
            # 元素小于目标数据
            print(list[index])
            if list[i] < list[index]:
                print("1111=",list[min:max])
                # 大于时才进行位移
                if i > index:
                    # 将这个值插入最左边，并删除原来位置的值
                    list.insert(index - 1, list[i])
                    # 需要注意的是，插入后 index 指向的位置应当加 1
                    index = index + 1
                    # i 加 1 之后指向的元素才是之前的元素
                    list.pop(i + 1)
            # 元素大于目标数据
            elif list[i] > list[index]:
                print("2222=",list[min:max])
                # 位置在左侧才需要移动
                if i < index:
                    list.insert(index + 1, list[i])
                    # 移动到右侧，删除元素后，注意 i 指向的位置应当减 1
                    list.pop(i)
                    index = index - 1
                    i = i - 1
            elif i==index:
                break
            print(" 当前索引 ",index)
            i = i + 1
        # 关键数据元素左边排序
        quick_sort(0, index)
        # 关键数据元素右边排序
        quick_sort(index, max)


cProfile.run('myFun()')
```

运行结果如图 7-10 所示。

```
[1, 4, 14, 22, 23, 33, 55, 778]
         1168 function calls (832 primitive calls) in 0.703 seconds

   Ordered by: standard name

   ncalls  tottime  percall  cumtime  percall filename:lineno(function)
        1    0.000    0.000    0.703    0.703 7-3-2.py:13(myFun)
    337/1    0.005    0.000    0.703    0.703 7-3-2.py:19(quick_sort)
        1    0.000    0.000    0.703    0.703 <string>:1(<module>)
        1    0.000    0.000    0.703    0.703 {built-in method builtins.exec}
        1    0.000    0.000    0.000    0.000 {built-in method builtins.len}
      784    0.698    0.001    0.698    0.001 {built-in method builtins.print}
        1    0.000    0.000    0.000    0.000 {method 'disable' of '_lsprof.Profiler' objects}
       21    0.000    0.000    0.000    0.000 {method 'insert' of 'list' objects}
       21    0.000    0.000    0.000    0.000 {method 'pop' of 'list' objects}
```

图 7-10　快速排序的结果

上述代码在编写过程中采用了传递需要排序的变量 list 中已有元素的位置，而不是传递一个新的列表对象。也就是说，整个算法的执行过程只需要一个中间变量，所以该算法的空间复杂度为 $O(1)$。

在真实的代码执行过程中，程序的执行过程中不会仅仅创建一个变量，或者如果采用建立新列表的方式进行参数传递，可能会导致快速排序算法的空间复杂度提升。

快速排序算法通常被应用在大量需要排序的数据中。常见的编程语言中自带的排序算法很多也是通过快速排序算法的思路实现的。快速排序算法在大量的数据应用场景中有非常高的效率，甚至在实际应用中超过了希尔排序等算法。

快速排序算法也经常出现在面试或者笔试的考题中。快速排序算法中，每一次数据和关键数据进行对比的时间复杂度都是 $O(n)$，也就是说，每一次关键数据的选取都可能出现最坏的结果，即每一次取得的数据都是列表中的最大值或者最小值，快速排序的最差的时间复杂度同样为 $O(n^2)$。

但是对快速排序而言，采用随机取值的方式很难做到最差的时间复杂度，快速排序的平均时间复杂度是 $O(n\log_2 n)$。相对于其他排序算法中 $O(n^2)$ 的时间复杂度，快速排序被认为是目前最好的一种内部排序方法。

> ⚠ **注意**：理论上希尔排序的时间复杂度也可以达到 $O(n\log_2 n)$，但是在实际应用中，希尔排序的增量选择比快速排序的关键数据选择难得多，大部分情况下并不能达到很好的效果。

7.4　其他排序

在数学和计算机发展的漫长岁月中，对一组数字的排序一直都是需要研究的问题。除了插入排序和交换排序以外，还有很多其他类型的排序算法。

虽然这些算法可能并不如快速排序或者希尔排序一样快速，但是在处理某些特定类型的数据时，这些算法是很好的选择。

7.4.1　直接选择排序

直接选择排序算法可能是所有排序算法中最为直观的一种。通过对需要排序数据的循环对比，选择最小的数据（或者最大的数据）放在列表的最前方（和第一位数据进行交换），认为它是该有序列表的第一位数据。随后进行次小（次大）数据的查找，直到全部的列表元素都经过排序后，认为完成直接选择排序。

直接选择排序算法是最稳定的排序算法之一。无论输入数据原本的顺序或者数据规模如何，直接选择排序算法的时间复杂度都是 $O(n^2)$，这意味着每一次循环可以确定一个数据的存放位置，所有的数据都必须经过一次循环才能认为是有序的。

直接选择排序算法的优势在于，该算法无须额外的存储空间，且可以按需处理"获取某列表最小（或者最大）的前几个元素"这种问题。

例如，有如下数据，需要从小到大依次排序：

```
23, 14, 55, 778, 22, 33, 1, 4
```

使用直接选择排序算法的排序过程如下：

（1）从第一个数据 23 进行循环判定，如果之后的数据小于当前数据，则替换当前数据的值。首选目标数据是 23，与 14 对比，14 小于 23，则将目标数据改为 14。

（2）等待第一轮排序完成，获得最小的目标数据 1，将 1 与原来第一位数据 23 交换位置，1 存放在列表的第一位。

（3）从索引为 1 的列表元素 14 再次进行判断，获得次小的数据 4，并将其与第二位数据 14 交换位置。

（4）等待最终需要排序的数据为 0 个时，认为所有的数据都是有序的，整个排序过程完成。

使用 Python 可以描述直接选择排序的过程，代码如下所示。

```python
# Python 性能分析
import cProfile
# import random


list = [23, 14, 55, 778, 22, 33, 1, 4]
```

```
def myFun():
    # 需要执行的全部代码
    i=0
    while i<len(list):
        min =i
        for j in range(i,len(list)):
            # 获取需要排序的最小值的位置
            if list[min] >list[j]:
                min = j
        # 需要交换位置
        if min!=i:
            temp=list[i]
            list[i]=list[min]
            list[min]=temp
        i=i+1
    print(list)


cProfile.run('myFun()')
```

运行结果如图 7-11 所示。

```
D:\book\pbook2\python_book_2\src\7>python 7-4-1.py
[1, 4, 14, 22, 23, 33, 55, 778]
        22 function calls in 0.000 seconds

   Ordered by: standard name

   ncalls  tottime  percall  cumtime  percall filename:lineno(function)
        1    0.000    0.000    0.000    0.000 7-4-1.py:9(myFun)
        1    0.000    0.000    0.000    0.000 <string>:1(<module>)
        1    0.000    0.000    0.000    0.000 {built-in method builtins.exec}
       17    0.000    0.000    0.000    0.000 {built-in method builtins.len}
        1    0.000    0.000    0.000    0.000 {built-in method builtins.print}
        1    0.000    0.000    0.000    0.000 {method 'disable' of '_lsprof.Profiler' objects}


D:\book\pbook2\python_book_2\src\7>
```

图 7-11　直接选择排序的结果

7.4.2　二路归并排序

二路归并排序是分治法的又一应用，这种归并排序的方式类似于冒泡排序。
归并排序算法的主要目的是尽可能地达到数据部分有序，从而做到减少排序对

扫一扫，看视频

比次数的目的。在实际应用中,归并排序的速度仅次于快速排序,而且归并排序不会改变其他数据元素的顺序,是稳定的排序算法。这种算法一般用于总体无序,但是各子项相对有序的数列。

二路归并排序算法是采用数据两两对比的方式获得局部有序数列的算法。首先将所有的数据元素进行切分,切分至单一元素之后,认为该元素是有序的(只存在一个元素),再将这些有序数列进行合并,最终得到一个有序的结果。

例如,有如下数据,需要从小到大依次排序:

```
23, 14, 55, 778, 22, 33, 1, 4
```

使用二路归并排序的排序过程如下:

(1)将所有的元素独立为单独的元素,此时获得了数据有序的最小单元(单一数据元素)。

(2)将这些单一的数据元素两两合并,并且进行内部排序,例如将(23,14)排序为(14,23)。等待所有的数据元素两两合并成功后,得到中间结果(14,23),(55,778),(22,33),(1,4)。

(3)将上述包含两个数据元素的有序列表进行两两合并排序,得到中间结果(14,23,55,778),(1,4,22,33)。

(4)将上述包含四个数据元素的有序列表进行合并排序,最终得到排序结果。

使用 Python 代码进行二路归并排序的描述,代码如下所示。

```python
# Python 性能分析
import cProfile
import math


list = [23, 14, 55, 778, 22, 33, 1, 4]



def myFun():
    # 需要执行的全部代码
    merge_sort(list)



def merge_sort(lst):
    if len(lst) <= 1:
        return lst
```

```
    # 计算中间值
    middle = int(len(lst) / 2)
    # 二路归并排序算法
    left = merge_sort(lst[0:middle])
    right = merge_sort(lst[middle:])
    # 合并排序结果
    print(merge(left, right))


# 迭代方式进行排序
def merge(left, right):
    result = []
    m = 0
    n = 0
    # 循环进行排序
    while m < len(left) and n < len(right):
        if left[m] < right[n]:
            result.append(left[m])
            m = m + 1
        else:
            result.append(right[n])
            n = n + 1
    # 将得到的结果放入结果列表中
    if m == len(left):
        for i in right[n:]:
            result.append(i)
    else:
        for i in left[m:]:
            result.append(i)
    # 返回排序后的结果
    return result


cProfile.run('myFun()')
```

二路归并排序的结果如图 7-12 所示。

```
F:\anaconda\python.exe H:/book/python-book/python_book_2/src/7/7-4-2.py
[1, 4, 14, 22, 23, 33, 55, 778]
         118 function calls (104 primitive calls) in 0.000 seconds

   Ordered by: standard name

   ncalls  tottime  percall  cumtime  percall filename:lineno(function)
     15/1    0.000    0.000    0.000    0.000 7-4-2.py:13(merge_sort)
        7    0.000    0.000    0.000    0.000 7-4-2.py:22(merge)
        1    0.000    0.000    0.000    0.000 7-4-2.py:8(myFun)
        1    0.000    0.000    0.000    0.000 <string>:1(<module>)
        1    0.000    0.000    0.000    0.000 {built-in method builtins.exec}
       67    0.000    0.000    0.000    0.000 {built-in method builtins.len}
        1    0.000    0.000    0.000    0.000 {built-in method builtins.print}
       24    0.000    0.000    0.000    0.000 {method 'append' of 'list' objects}
        1    0.000    0.000    0.000    0.000 {method 'disable' of '_lsprof.Profiler' objects}


Process finished with exit code 0
```

图 7-12　二路归并排序的结果

 注意: 在归并排序中不是只有二路归并排序这一种排序方式。归并排序常常用于大文件或者大量数据的外部排序中，在 7.4.4 节的归并排序中会详细介绍。

7.4.3　基数排序

扫一扫，看视频

基数排序又称为桶排序，一般适用于对包含键值的数据进行排序。基数排序会通过键值的特性将所有的数据元素放入合理的"桶"中，最终得到一个有序的数列。

一般情况下，基数排序法属于稳定排序，也就是说，在数据的排序过程中并不会影响数据原来的顺序。基数排序相对其他的排序算法来说并不算优秀，但是在某些时候，基数排序的效率高于其他的稳定性排序算法。

基数排序采用"桶"的概念，根据键值的每位数字来设计"桶"，根据这样的桶进行分类排序，具体的做法是：将所有需要排序的数据统一为同样的长度，在较短数据之前补 0，然后从数据的最低位开始依次进行一次排序，这样从数据最低位排序至数据的最高位，之后该数列就成为有序数列。

例如，有如下数据，需要从小到大依次排序：

```
23, 14, 55, 778, 22, 33, 1, 4
```

使用基数排序的排序过程如下：

（1）判定该需要排序的数列的最大数为三位，所以将所有的数据进行位数的调整，如果位数不足三位，则在数据位之前补 0，得到如下数据：

```
023, 014, 055, 778, 022, 033, 001, 004
```

（2）进行第一轮排序，对比各数据的个位数据，得到排序后的列表结果：

```
001, 022, 023, 033, 014, 004, 055, 778
```

（3）进行十位数据的排序，得到如下列表：

```
001, 004, 014, 022, 023, 033, 055, 778
```

可以看出此时列表已经是有序数列了。这种排序的一大优势是，按位排序时，排序的后方数据在前一位排序数据一致时很可能是大于前方数据的。例如 004 和 001，在十位和百位均为 0 时，并不用再次进行位移判定，004 是大于 001 的。

（4）进行百位数据的排序，数列并没有发生变化，此时数据是有序数列，将该数列输出。

这种排序的优点在于：每次比较一位数据，可以大量减少后续数据的对比和位移操作，达到优化性能的作用。

可以使用 Python 代码进行基本功能的实现，代码如下所示，实现了对三位数字的基数排序，并且打印排序后的结果。

```python
# Python 性能分析
import cProfile

# import random


list = [23, 14, 55, 778, 22, 33, 1, 4]
# 设定桶，每个列表在排序时都会放入对应的数据
l_0 = []
l_1 = []
l_2 = []
l_3 = []
l_4 = []
l_5 = []
l_6 = []
l_7 = []
l_8 = []
l_9 = []
```

```python
def myFun():
    t_lst = check_data()
    print(" 转换后的数列: ", t_lst)
    # 只有三位数据时进行桶排序
    # 第 1 轮，对比个位，也就是长度为 3 的字符串的最后一位元素，索引为 2 或者 -1
    put_bucket(t_lst, 2)
    t_lst1 = pop_bucket()
    print(" 第 1 次排序后的数列: ", t_lst1)
    # 第 2 轮，对比十位，也就是长度为 3 的字符串的索引为 1 的位置
    put_bucket(t_lst1, 1)
    t_lst2 = pop_bucket()
    print(" 第 2 次排序后的数列: ", t_lst2)
    # 最后一轮排序
    put_bucket(t_lst2, 0)
    t_lst3 = pop_bucket()
    print(" 第 3 次排序后的数列: ", t_lst3)


# 需要执行的全部代码

def check_data():
    # 进行排序的临时数组，其中存放 str 类型的数据
    str_list = []
    for i in range(0, len(list)):
        if len(str(list[i])) == 1:
            str_list.append('00' + str(list[i]))
        elif len(str(list[i])) == 2:
            str_list.append('0' + str(list[i]))
        else:
            str_list.append(str(list[i]))
    return str_list


def put_bucket(lst, index):
    # 将所有的数据放入对应的桶中
```

```
    for i in range(0, len(lst)):
        globals()['l_' + lst[i][index]].append(lst[i])


def pop_bucket():
    # 一共 10 个桶，依次取出数据
    t_lst = []
    for i in range(0, 10):
        while len(globals()['l_' + str(i)]) != 0:
            t_lst.append(globals()['l_' + str(i)].pop(0))
    return t_lst



cProfile.run('myFun()')
```

运行上述代码时，在全局环境中创建了 10 个存放数据的"桶"，在每次循环操作时将数据逐次放入这些"桶"中，再依次取出，每个"桶"虽然没有进行数据的对比，但是在放入数据时确保了当前执行位数的数据大小有序，完成三次排序后，最终得到的所有数据均是有序的。

对这种排序方式而言，所有的数据在逻辑上只通过三次排序即可得到有序列表，时间复杂度非常好。需要注意的是，该算法中间需要创建大量的辅助变量或者用于排序的"桶"结构，相当于牺牲内存来达到更好的效率。

在实际应用中，基数排序适用于特殊格式或者有特殊需求的数据排序，针对键值对（k-v）类型的数据可以达到较好的效果。

注意：对上述纯数字的数据进行排序，是为了让读者可以理解基数排序的基本排序方式。基数排序对纯数字的排序并不适用。对某些可以进行特征值提取的数据或者经过 md5 等签名操作的数据来说，基数排序非常有效。

7.4.4 归并排序

扫一扫，看视频

外部排序其实是对内部排序的使用场景的一种扩充。外部排序一般用于处理大量数据的情况，无法将这些数据一次性地放入内存中，通过一定的调度手段或者处理方式进行处理后才能得到有序的数据。

在所有的外部排序中，最常见的排序方式是归并排序，这种排序方式和 7.4.2 节的二路归并排序的原理相似，采用数据分块的形式进行排序，最终将这些数据分块进行合并，最终得到有序数列。

假设需要对 10GB 的数据进行排序操作，而排序所用计算机的内存只有 2GB，此时是无法将全部数据读入内存的，只能采用分块的形式读取这些数据。例如，将所有的数据分为 5 块，每块都是 2GB 的数据，在内存中将这些数据进行内部排序，使块内的数据成为有序的。将这些有序的分块数据退出内存。在空内存中逐块取出单个数据并进行对比，取出最小的数据，形成多个 2GB 的有序数据存入硬盘中，最终组成新的 10GB 的有序数据。

假设内存中只能存放 3 个数据，此时需要排序的数据有 12 个，下面采用二路归并排序的思想对以下 12 个数据进行排序。

```
23,14,55,778,22,33,1,4,26,9,8,5
```

具体的排序过程如下：

（1）因为内存中只能存放 3 个数据，所以需要对所有数据进行分组并排序。得到 4 组数据，分别是（23，14，55），（778，22，33），（1，4，26），（9，8，5）。

（2）对 4 组数据分别进行内部排序，使这 4 组数据内部有序，分别是（14，23，55），（22，33，778），（1，4，26），（5，8，9）。

（3）采用二路归并排序的思想，对第一个分组和第二个分组的数据进行排序，首先对比两个分组的第一个元素 14 与 22，取出其中最小的元素 14，然后对比 23 和 22，将第二个分组中的 22 放在 14 之后，最终形成新分组（14，22，23，33，55，778）。

（4）用相同的方式合并第三个和第四个分组，逐个对比排序，形成有序的新分组（1，4，5，8，9，26）。

（5）合并第（3）步和第（4）步的两个分组，还是采用逐个读取数据进入内存，用两两对比的方式进行合并，最终得到所有数据的有序列表（1，4，5，8，9，14，22，23，26，33，55，778），外部排序完成。

可以对上述排序过程进行优化，例如在内存允许的情况下同时读取 3 个分组甚至 4 个分组的元素进行对比，这样就可以优化排序过程的第（5）步，不需要再次将采用二路归并得到的两个分组逐一读入内存进行对比。

这种一次合并多个分组的排序方式称为 n 路归并排序，其中 n 代表一次合并的分组数量。多路归并排序的合并手段并不一定可以做到绝对的优化，虽然多路数据被读入内存可以减少后续分组数据从外存中读入的过程，但是相对地会增加数据的对比次数，例如三路归并排序会在内存中对比 3 个数据的大小，且只会输出一个最小的数据。

视数据特征和计算机性能采用合适的归并方式，才能合理地优化性能。除了采用多路归并排序的方式进行性能的优化，还可以通过一些特殊的数据结构，例如堆结构，在读取后续元素时将合适的元素分组，使分组得到的数据本身就是有序的，这样可以减少排序的过程，达到优化性能的目的。具体的代码实现类似于二路归并排序，这里就不再赘述了。

7.5　小结、习题和练习

7.5.1　小结

本章主要介绍了多种内部排序和外部排序算法，其中最主要的是内部排序中的快速排序和希尔排序，这两种排序算法较难理解。尤其是希尔排序中增量的选取，决定了希尔排序的时间复杂度。

内部排序算法是所有高级语言中常会用到的内容。虽然大部分现代的高级语言都提供了内置的排序算法，可以直接使用，但是这些排序算法也是基于本章介绍的基本内部排序算法得到的。

本章介绍的排序算法不是全部的排序方法。针对每种数据结构，其本身都涉及大量的查找与排序算法，例如堆排序或者二叉排序树等，这些特殊结构的算法内容会在后续章节中介绍。数据结构本身也影响了算法设计时的思想，例如二路归并排序就是典型的二叉树的应用。

7.5.2　习题和练习

为了更好地理解本章的内容，希望读者可以完成以下习题与相关练习。

习题 1（选择题）：在如下排序算法中，稳定的是（　　　　）。

　　① 插入排序　　　　　② 快速排序　　　　　③ 基数排序　　　　　④ 归并排序

　　A. ①和②　　　　　　B. ②和③　　　　　　C. ③和④　　　　　　D. ①和④

习题 2（选择题）：对一组数据 {84，47，25，15，21} 进行排序，数据的排列顺序在排序过程中依次发生如下变化：① {84，47，25，15，21}；② {15，47，25，84，21}；③ {15，21，25，84，47}；④ {15，21，25，47，84}。这里采用的排序方式是（　　　　）。

　　A. 直接选择排序　　　　　　　　　　　　B. 冒泡排序

　　C. 快速排序　　　　　　　　　　　　　　D. 直接插入排序

习题 3（选择题）：对一组数据 {2，12，16，88，5，10} 进行排序，数据的排列顺序在排序过程中依次发生如下变化：① {2，12，16，5，10，88}；② {2，12，5，10，16，88}；

③ {2，5，10，12，16，88}。这里采用的排序方式是（　　　）。

  A. 直接选择排序   B. 冒泡排序

  C. 快速排序   D. 直接插入排序

习题 4（选择题）：对一组数据 {110，119，007，911，114，120，122} 进行基数排序，在第二趟排序后得到的数据序列是（　　　）。

  A. {007，110，119，114，911，120，122}

  B. {007，110，119，114，911，122，120}

  C. {007，110，911，114，119，120，122}

  D. {110，120，911，122，114，007，119}

练习 1：熟练地掌握本章的所有排序算法，了解算法的时间复杂度与稳定性等基本概念。

练习 2：结合数据结构了解更多的排序算法，分析不同算法的优缺点，总结这些算法的使用场景或者适用的数据结构和模式。

第 8 章

Python 中的图算法

　　本章介绍另一种非常重要的数据结构——图结构中涉及的各类算法。图结构和之前的树结构类似，相对于树结构（尤其是二叉树）的严格要求，图结构显得松散，这使得图结构在现实中有更多的应用场景。

　　根据不同的应用场景，如何对图结构进行遍历或者获取最优的结果，是这些图结构算法需要解决的问题。需要特别关注图结构算法中的排序最短路径及图的生成等问题。

本章主要内容

- 图结构这种数据类型。
- 图结构和树结构转换的相关规则。
- 图结构的单元最短路径问题及相关的解决方案。
- 图的环问题及常用的经典算法。

本章思维导图

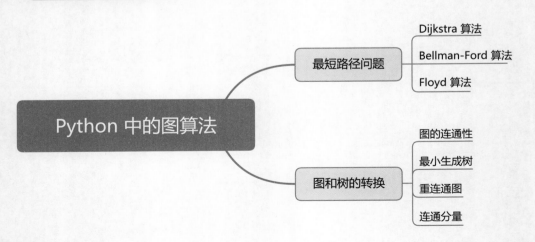

8.1 图和树的转换

在之前所有图结构的介绍中，默认所有的图都是连通的，也就是说，从图的某个顶点进行遍历，一定可以走遍所有的数据节点。

实际上，图结构并不一定都是连通的。类似于森林的概念，很多图其实是多个图的集合，这些图并没有弧直接进行数据节点的连接，这类图称为非连通图。本节将介绍非连通图的性质。

8.1.1 图的连通性

如果一张图是无向图，其基本的遍历方法仍然是首先对某一个图节点进行深度
优先或者广度优先的遍历，然后重新选择一个图节点进行遍历，最终将所有的图节点全部访问完，完成遍历过程。

这样的图集合由几个不具有连通关系的子图组成，就称其具有几个连通分量。一般会选择图集合中的最大连通子图作为连通分量。

如果一张图是有向图，也就是图的节点 A 到节点 B 完全连通（A 可以到 B，B 也可以到 A），则称之为强连通图。图 8-1 所示就是强连通图。

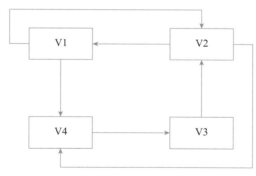

图 8-1　强连通图

如果一张有向图只能实现节点 A 到节点 B 的单向连通或者节点 B 到节点 A 的单向连通，反向不连通，则称该图为单连通有向图。图 8-2 所示就是单连通有向图。

一张有向图，如果不考虑图中每条边的连通方向，转换得到的无向图可以实现节点 A 到节点 B 的连通，则称该图为弱连通有向图。当该有向图被转换为无向图时，所有的节点都是连通的。图 8-2 就是弱连通有向图。

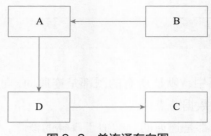

图8-2　单连通有向图

8.1.2　最小生成树

扫一扫，看视频

　　在图结构中经常涉及的一个问题就是如何将一张图转换为树结构。如果不加以限制，所有的图结构都可以转换为不同形状的树结构，这种转换是没有意义的。这时需要限制如何在最小代价的基础上将图结构转换为树结构。

　　有保持图连通的最少的边，且包含原图中的所有 n 个节点的树结构，就是一个有 n 个节点的连通图生成的最小生成树。

　　图结构中有可能出现一种情况，数据节点和节点之间的弧具有一个与其相关的数字，该数字称为权（weight）。权可以表示一个数据节点到另一个节点的距离或者耗费。

　　最小生成树的全称为最小权重生成树，权重就是连通两个节点之间的边所花费的代价。例如，在配送外卖的过程中，每个订单可以认为是图的一个节点，骑手骑电动车经过的路程可以看作一个权重值，配送外卖时需要骑车走过这些路才能到达目的地。

　　最小生成树这种算法的应用场景非常广泛。例如在城市间创建通信联络网，连通 n 个城市只需要 $n-1$ 条线路，就可以达到在所有城市之间通信的目的（通信可以双向进行）。如何将这些地理位置各异的城市连接起来呢？将这些城市当作图结构中的节点，线路作为节点之间的边，该图的生成树结构就是需要建设的通信网络，如图8-3所示。

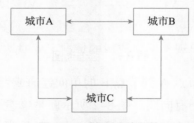

图8-3　城市通信网络

　　如果以建设每条线路的费用作为权重，这些生成树中的最小生成树就是最节省费用条件下建立的通信网络，如图8-4所示。假设城市 A 到城市 B 的通信线路的费用为 10，该段费用最高，所以不建设线路（虚线），城市 A 和城市 B 的通信通过城市 C 转发，即可实现两个城市的通信。

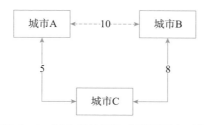

图 8-4　城市通信网络（费用最少时）

图 8-4 的城市通信网络是基于三个节点建立的图结构，可以轻易地确定最小生成树。实际应用中，节点和边的数目可能相当多，需要考虑的情况也复杂得多。为了用计算机实现最小生成树，科学家提出了多种算法，最有名的两种算法是 Kruskal（克鲁斯卡尔）算法和 Prim（普利姆）算法。

8.1.3　Kruskal 算法

扫一扫，看视频

Kruskal 算法是从图结构中按照边的权重选择最短的路径，完成最小生成树。该算法适合将边稀疏的图转换为最小生成树。

Kruskal 算法中最基本的思想就是获取总的权值最小的结构，在图结构的基础上保留哪些边就是 Kruskal 算法要解决的问题。Kruskal 算法的解决思路非常简单，对所有边的权值进行排序，从小到大依次选择。

在最小生成树中存在两个基本原则：第一，任意的两个节点中仅有一条通路，在生成树中不应当存在环；第二，在 n 个节点的生成树中应当有 $n-1$ 条边。

Kruskal 算法的思路是根据权值进行所有边的排序，从小到大依次进行判定，如果当前边和之前所有边的组合不会形成树的环路，也就是该节点没有边与生成树连接，就可以作为最小生成树的一部分；如果形成环路，认为该边不符合最小生成树，则舍去。

在 Kruskal 算法中可能会出现多棵生成树的情况，此时边连接的节点可能已经存在于生成树中，但是不在同一棵树中，该边是将两棵独立的树进行连接的边，该边不能舍去，需要特别注意。

最终在图结构中选择符合条件的 $n-1$ 条边，此时获得的树就是图结构的最小生成树。

例如图 8-5 所示的图结构，边上的数值为边的权值。

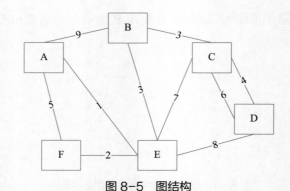

图 8-5　图结构

如果采用 Kruskal 算法，首先需要将所有的边根据权值进行排序，得到表 8-1 的基本序列。

表 8-1　权值排序表

序　号	权　值	节点 1	节点 2
1	1	A	E
2	2	F	E
3	3	B	C
4	3	B	E
5	4	D	C
6	5	A	F
7	6	C	D
8	7	E	C
9	8	E	D
10	9	A	B

已知该图存在的节点数目为 6，所以最小生成树应当有 5 条边。采用 Kruskal 算法获得最小生成树的步骤如下：

（1）图结构中权值最小的边是连接节点 A 和节点 E，此时不存在生成树，所以直接认为该边属于最小生成树的一部分，得到第 1 条边。

（2）序号为 2 的边，连接了节点 F 和节点 E，节点 F 不存在于生成树中，所以该边没有与节点 A 和节点 E 形成环路，加入最小生成树，得到第 2 条边。

（3）序号为 3 的边，该边连接了节点 B 和节点 C，这两个节点均不存在于生成树中，所以将该边也加入最小生成树，此时边的数目为 3。

（4）序号为 4 的边，连接了节点 B 和节点 E，这两个节点虽然都已经存在于之前的步骤中，但两个节点不在同一棵树中，该边就是将这两棵独立的树进行连接的边，将该边放入最小生成树中并不会产生环，所以将序号为 4 的边放入最小生成树中，得到第 4 条边。

（5）序号为 5 的边，连接的是节点 D 和节点 C，节点 D 不在最小生成树中，所以将此边加入最小生成树，得到第 5 条边。

（6）此时生成树的总边数为 5，Kruskal 算法执行完毕，舍去其他边。

最终得到最小生成树，如图 8-6 所示。

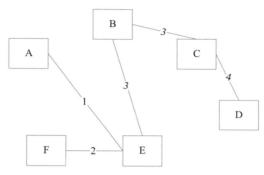

图 8-6　最小生成树

可以通过 Python 实现上述过程，假设图结构中边的权值和连接的两个节点保存在一个列表中，其结构示例如下，代表连接节点 A 和节点 E 的边，边的权值为 1。

```
[{'point': ['A', 'E'], 'power': 1}]
```

设置列表变量，记录最小生成树的节点与节点标识，其中节点标识主要是为了判定该节点是否已经属于最小生成树的一部分。

在执行代码时通过键盘获取基本的节点和权值，用户通过输入"A-5-B"这样的数据代表节点 A 和节点 B 相连，并且权值为 5。基本变量的定义与输入数据的获取的代码如下所示。

```python
# Python 性能分析
import cProfile

list = []
# 记录最小生成树中边的数量
p_count = 0
# 记录节点是否已经是最小生成树的一部分
points = {}
# 最小生成树的边
tree = []
```

```
current_mark = 0

...
# 需要执行的全部代码
while True:
    input_str = input(" 输入关系（使用 - 分割 A-5-B）: \n")
    if input_str == "":
        print(points)
        p_count = len(points) - 1
        break
    else:
        # 输入是英文 "-" 时进行分割
        t = input_str.split("-")
        list.append({"point": [t[0], t[2]], "power": int(t[1])})
        # 记录节点，用于计算边的总数
        points[t[0]] = None
        points[t[2]] = None
cProfile.run('myFun()')
```

　　等待用户输入结束之后，获取最小生成树的边数，也就是所有节点的总数减 1，该值会作为边数获取循环中的逻辑条件。

　　等待用户输入完毕，会对数据进行分析处理，此时执行 myFun() 方法，首先对数据进行排序，可以使用 Python 自带的 sorted() 方法，代码如下所示。

```
def myFun():
    # 需要修改值
    global p_count, tree
    # 对所有的边排序，按照从小到大的顺序
    lst = sorted(list, key=lambda item: item["power"])
    # 循环初始化
    i = 0
    print(" 排序后的边: ", lst)
    print(" 最小生成树的边数: ", p_count)
    # 判断边是否属于最小生成树
    while p_count > 0:
        print(" 当前判断的是: ", lst[i])
        # print(points)
```

```
        # 空树，直接进入第一个元素
        if len(tree) == 0:
            tree.append(lst[i])
            # 对该边连接的两个节点添加标识
            mark(lst[i]["point"])
            # 第一条边进入后，p_count - 1
            p_count = p_count - 1
        else:
            pt1 = lst[i]["point"][0]
            pt2 = lst[i]["point"][1]
            if points[pt1] == None or points[pt2] == None:
                # 如果有节点不存在于生成树中，直接将该边认为是生成树的一部分
                tree.append(lst[i])
                # 对该边连接的两个节点添加标识
                mark(lst[i]["point"])
                # 边进入后，p_count - 1
                p_count = p_count - 1
            else:
                # 判断是否属于同一棵树中，在标识中，如果不一致，则合并两棵树，
                # 并将该边加入最小生成树
                if points[pt1] != points[pt2]:
                    tree.append(lst[i])
                    # 合并两棵树
                    # 对该边连接的两个节点添加标识
                    mark(lst[i]["point"])
                    # 边进入后，p_count - 1
                    p_count = p_count - 1
        # 下一轮循环
        i = i + 1
    print("修改后的标识: ", points)
print("最小生成树为: ", tree)
```

需要注意的是，如果在进行一条边的两节点判定时，两个节点的标识均存在，则证明这两个节点已经属于最小生成树，但是并不能说明可以成环，只有这两个节点的标识一致，才说明这两个节点属于同一个树结构中；如果这两个节点的标识不一致，则说明这两个节点属于不同的两个树结构，需要进行结构的合并。

给节点添加标识的 mark() 方法的具体代码如下所示。

```
# 在 points 数组中添加标识
def mark(pts):
    global current_mark, points
    [pt1, pt2] = pts
    p_tree1 = points[pt1]
    p_tree2 = points[pt2]
    if p_tree1 == None and p_tree2 == None:
        # 创建独立的新树
        print(" 新设标志: ",current_mark)
        current_mark = current_mark + 1
        points[pt1] = current_mark
        points[pt2] = current_mark
    else:
        target = p_tree1
        # 判断哪个节点为空，都不为空，则以节点 1 为准
        if target is None:
            target = p_tree2
        # 当节点为 None 时，只修改该节点
        if p_tree2 is None:
            points[pt2] = target
        else:
            # 属于不同的两棵树，两个节点进行统一
            for k in points:
                if points[k] == p_tree2:
                    points[k] = target
```

根据表 8-1 的权值排序表，按序号输入各条边，运行结果如图 8-7 所示，得到的最小生成树的结果和推算结果一致。

```
最小生成树的边数： 5
当前判断的是： {'point': ['A', 'E'], 'power': 1}
0
修改后的标识： {'A': 1, 'B': None, 'C': None, 'D': None, 'E': 1, 'F': None}
当前判断的是： {'point': ['F', 'E'], 'power': 2}
修改后的标识： {'A': 1, 'B': None, 'C': None, 'D': None, 'E': 1, 'F': None}
当前判断的是： {'point': ['B', 'C'], 'power': 3}
1
修改后的标识： {'A': 1, 'B': 2, 'C': 2, 'D': None, 'E': 1, 'F': None}
当前判断的是： {'point': ['B', 'E'], 'power': 3}
修改后的标识： {'A': 2, 'B': 2, 'C': 2, 'D': None, 'E': 2, 'F': None}
当前判断的是： {'point': ['C', 'D'], 'power': 4}
修改后的标识： {'A': 2, 'B': 2, 'C': 2, 'D': 2, 'E': 2, 'F': None}
最小生成树为： [{'point': ['A', 'E'], 'power': 1}, {'point': ['F', 'E'], 'power': 2}, {'point': ['B', 'C'], 'power': 3},
        45 function calls in 0.000 seconds
```

图 8-7　Kruskal 算法的运行结果

8.1.4 Prim 算法

Prim 算法也可以在加权连通图中获取最小生成树。与 Kruskal 算法不同，在使用 Prim 算法获得最小生成树时，没有对所有带权值的边进行排序，而是假设从某个顶点出发，开始遍历图中相连的所有节点。

Prim 算法将所有节点分为两类，一类是已经存在于生成树中的节点，另一类是暂时还没有进入生成树中的节点。

Prim 算法的基本思想是选定某一个初始化节点，在与该节点相连的边中找出权值最小的边连接的节点，作为第二个进入生成树中的节点，下一步会寻找这两个属于最小生成树一部分的节点相连的所有边中权值最小的边和节点，直到所有的节点全部进入生成树中，认为此时的生成树就是最小生成树。

如图 8-8 所示的图结构，Prim 算法的第一步需要选定一个初始化节点，初始化节点的选取可能会影响最终生成的最小生成树，需要慎重选择。

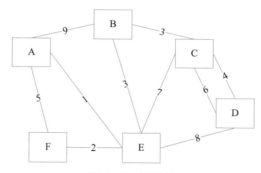

图 8-8　图结构

图结构中共有 6 个节点，选定初始化节点 A。获得最小生成树的步骤如下：

（1）节点 A 进入最小生成树中，连接节点 A 的边有 3 条，A-B 权值为 9，A-F 权值为 5，A-E 权值为 1，1 最小，所以选取此边进入最小生成树中，并且在已经连通的节点中增加节点 E。

（2）连接节点 E 的边，除了已经进入最小生成树中的 A-E，有 4 条连接其他节点的边，这 4 条边和节点 A 连接的 2 条边一起进行排序，其中权值最小的为节点 E 连接节点 F 的边，权值为 2，将此边放到最小生成树中，并且将节点 F 认为是已经连通的节点。

（3）节点 F 连通的边有 2 条，但是节点 A 和节点 E 都已经存在于最小生成树中，所以可以不考虑这 2 条边。对节点 A、E 未进入最小生成树的连通边进行排序后，发现权值最小的边是节点 E 到节点 B 的边，权值为 3，将此边存放到最小生成树中，并且认为节点 B 是已经连通的节点。

（4）此时考虑节点 A、E、F、B 所有未进入最小生成树的连通边，得到节点 B 连通节点 C 的边，权值为 3，将此边存放到最小生成树中，并且将节点 C 认为是已经连通的节点。

（5）考虑节点 A、E、F、B、C 所有未进入最小生成树的连通边，得到节点 C 连通节点 D 的边，权值为 4，将此边放到最小生成树中，并且将节点 D 认为是已经连通的节点。

（6）生成最小生成树，如图 8-9 所示。

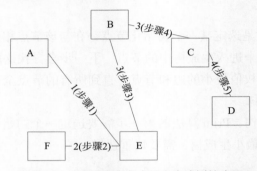

图 8-9　Prim 算法生成最小生成树的步骤

最终生成的最小生成树和 Kruskal 算法生成的最小生成树一致，但是节点进入最小生成树的过程是不同的，如图 8-9 所示。

需要注意的是，在步骤 5 中，所有节点只剩余节点 D 没有进入最小生成树，此次进入生成树的一定是与节点 D 相连的边。也就是说，假设此时有连通其他节点的边的权值小于连通节点 D 的边，这条边也不应当属于最小生成树。

与 Kruskal 算法最大的区别在于，Prim 算法并不会将所有的边进行排序，也就是说，Prim 算法只会考虑当前的初始节点或者已经进入生成树中的节点，这也就意味着 Prim 算法采用"贪心法"的思想，在求最小生成树时，并没有考虑全部边的权值，而是就近选定节点加入最小生成树中。

Prim 算法的思想非常适合稠密图（边数多，节点之间的关系复杂），相对于 Kruskal 算法中全部边的排序，Prim 算法需要排序的边要少得多。

使用 Python 算法描述 Prim 算法，需要建立两个列表变量，一个保存所有的节点，另一个保存逐次进入最小生成树中的节点。

为了方便取得节点之间的关系，这里采用字典类型保存所有边，并且以节点作为键，与键连接的边作为值，数据示例如下：

```
{'A': [{'point': ['A', 'B'], 'power': 9}, {'point': ['A', 'E'], 'power': 1},
{'point': ['A', 'F'], 'power': 5}], 'B': [{'point': ['B', 'A'], 'power': 9}],...}
```

在执行代码时通过键盘获取基本的节点和权值，用户通过输入"A–5–B"这样的形式代表节点 A 和节点 B 相连，权值为 5。基本的变量定义与数据处理的代码如下所示。

```python
# Python 性能分析
import cProfile


list = {}
# 全部节点
pts = []
# 记录节点是否已经是最小生成树的一部分
points_tree = []
# 最小生成树的边
tree = []
...
# 需要执行的全部代码
while True:
    input_str = input(" 输入关系（使用 - 分割 A-5-B）：\n")
    if input_str == "":
        # 节点去重
        pts = set(pts)
        print(pts)
        break
    else:
        # 输入是英文 "-" 时进行分割
        t = input_str.split("-")
        # 更改存储结构，将节点作为键值存放，方便取数据，具体方式需要考虑图结构的存储结构
        # 节点 A 到节点 B
        if t[0] in list:
            list[t[0]].append({"point": [t[0], t[2]], "power": int(t[1])})
        else:
            list[t[0]] = [{"point": [t[0], t[2]], "power": int(t[1])}]
        # 无向图，存在两种方向，节点 B 到节点 A
        if t[2] in list:
            list[t[2]].append({"point": [t[2], t[0]], "power": int(t[1])})
        else:
            list[t[2]] = [{"point": [t[2], t[0]], "power": int(t[1])}]
        # 记录节点，用于计算边的总数
        pts.append(t[0])
        pts.append(t[2])
```

```
            print(list)
cProfile.run('myFun()')
```

在算法的执行过程中，如果所有的节点均进入生成树中，则认为成功生成最小生成树，输出结构。算法在每次执行时，从初始化节点开始，将所有已经进入最小生成树中的节点作为参数传入 get_sort() 方法，该方法对这些节点连接的全部边进行排序，并且返回最短的边，具体代码如下所示。

```python
# 如果没有指定，初始化节点为 A
def myFun(sp='A'):
    # 需要修改值
    global points_tree, tree
    # 判断是否全部的节点已进入生成树中
    while len(points_tree) < len(pts):
        # 初始化
        if len(points_tree) == 0:
            points_tree.append(sp)
            continue
        else:
            # 获得权值最小的边和节点
            next_point = get_sort(points_tree)
            print(" 当前获得的最短边是: ", next_point)
            tree.append(next_point)
            points_tree.append(next_point['point'][1])
        print(" 修改后的标识: ", points_tree)
    print(" 最小生成树为: ")
    for i in tree:
        print(i)


# 获取最小生成树中存在节点连接最近的边
def get_sort(t_pts=[]):
    t_l = []
    for i in t_pts:
        for j in list[i]:
            # 需要排除已经连接的节点
            if j['point'][1] not in points_tree:
                t_l.append(j)
```

```
# 所有的边排序，按照从小到大进行
lst = sorted(t_l, key=lambda item: item["power"])
return lst[0]
```

输入图 8-8 所示的图结构，Prim 算法的运行结果如图 8-10 所示，可以得到如图 8-9 所示的最小生成树。

```
{'F', 'A', 'D', 'B', 'E', 'C'}
当前获得的最短边是：{'point': ['A', 'E'], 'power': 1}
修改后的标识：['A', 'E']
当前获得的最短边是：{'point': ['E', 'F'], 'power': 2}
修改后的标识：['A', 'E', 'F']
当前获得的最短边是：{'point': ['E', 'B'], 'power': 3}
修改后的标识：['A', 'E', 'F', 'B']
当前获得的最短边是：{'point': ['B', 'C'], 'power': 3}
修改后的标识：['A', 'E', 'F', 'B', 'C']
当前获得的最短边是：{'point': ['C', 'D'], 'power': 4}
修改后的标识：['A', 'E', 'F', 'B', 'C', 'D']
最小生成树为：
{'point': ['A', 'E'], 'power': 1}
{'point': ['E', 'F'], 'power': 2}
{'point': ['E', 'B'], 'power': 3}
{'point': ['B', 'C'], 'power': 3}
{'point': ['C', 'D'], 'power': 4}
            99 function calls in 0.000 seconds
```

图 8-10　Prim 算法获得的最小生成树

> **注意：** Prim 算法根据不同的初始化节点获得的最小生成树可能不一定相同，尤其是图结构复杂时。

8.1.5　重连通图和连通分量

从一个节点出发，沿着边进行访问，最终不一定可以遍历完整个图结构。在图结构中存在连通分量的概念，在图结构中用连通分量来描述图结构和构成图结构的子图。

连通分量是指在一个图结构中节点之间的连通数量。如果这些节点之间是完全连通的，则图结构的连通分量就是其本身。如果图结构是由 2 个或者 2 个以上的连通子图组成的，这些不相交的连通子图称为图的连通分量。

如图 8-11 所示，该图结构由两个连通子图构成，连通分量为 2。

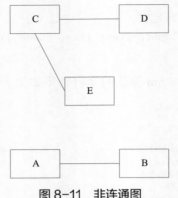

图 8-11　非连通图

在一个无向图中，如果删除某一个节点会造成整个图分为多个子图的情况，这时被删除的节点称为关键点（割点）。在图 8-11 中，删除节点 C，会造成节点 E 和节点 D 独立为 2 个连通分量。

重连通图就是没有关键点的连通图。在无向连通图中，如果任意的两个节点之间存在不止一条通路，则这个图称为重连通图。重连通图的特点是：删除图中任何一个节点或者某条连接节点的边，不会破坏图结构的连通性。

当然，重连通图也存在连通分量，称为重连通分量或者强连通分量。对于非强连通图的极大重连通子图，也可以称为重连通分量。

图 8-12 就是一个重连通图，从任意的节点出发到任意的节点结束，都拥有不止一条通路。

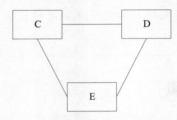

图 8-12　重连通图

重连通图的应用在现实生活中非常重要，很多图结构的应用都是采用重连通图。例如互联网或者移动通信网络的建设，最优状态是某一个功能节点出现宕机或者传输不稳定时，并不会影响到其他终端或者节点之间的通信。又或者是城市道路建设，到达某地区的路径如果只存在一条，则任何造成交通堵塞的情况都会导致没有办法到达目的地。所以道路建设时需要考虑重连通图的结构形式。

判断图结构是不是重连通图，经常用到的算法是 Tarjan（塔扬）算法，该算法基于深度优先遍历，首先对图进行深度优先遍历，获得一棵深度优先生成树。

在图 8-12 中，节点 D 和节点 E 相连接的边，在图的深度优先遍历中没有使用，称这条边为回边。将回边删除后，得到的树就是原来树的深度优先生成树。Tarjan 算法的本质是寻找该图结构中是否存在关键点，如果存在关键点，就能以此关键点划分几个连通分量，最终求得重连通图或者连通图中的重连通分量。

> ⚠ **注意**：本节讨论的是无向图的情况。对于有向图，重连通图和连通分量的概念是一致的。

8.2 最短路径问题

8.1 节主要介绍了图结构中的连通性和最小生成树问题，通过对节点和权值进行研究，得到包含所有节点的最小生成树。本节继续对权值和图结构进行研究，主要是从某一个节点出发到达另一个节点的最短路径问题，也就是研究图结构中怎样获得起点到终点的最短距离。

8.2.1 单源最短路径

扫一扫，看视频

单源最短路径问题主要研究的是：在一个带权有向图中，从一个节点出发到达其他各个节点的最短路径长度。单源的意思是从一个节点出发，最短路径长度是指经过的全部边的权值总和最小。

单源最短路径算法在实际生活中主要用于解决导航或者最优路径的问题。例如，在一张城市的交通道路图中配送快递，如何安排送货路径，走最少的路且将所有快递配送至目的地。又或者是乘坐高铁旅游，确定应当怎样安排路线，不走冤枉路而且可以最快地到达某个特定的城市。

单源最短路径和最小生成树的算法不同。最小生成树虽然考虑了边的权值问题，但是基于全局考虑，最终得到的是一个连通所有节点的树形结构，也就是说，该树形结构中的权值是遍历全部节点时的最优结果。单源最短路径问题解决的是某一个节点到达另一个节点的最短路径问题。

单源最短路径中不会全局考虑所有的节点，也就是说，单源最短路径可能是最小生成树中的某一些边，也有可能不在最小生成树中。如图 8-13 所示，图结构中的节点 B 到节点 C 的单源最短路径就没有包括在最小生成树中。

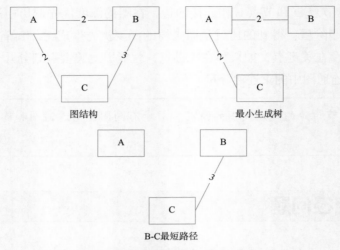

图 8-13　最短路径和最小生成树

单源最短路径问题因为不能全局考虑所有的节点和边，所以出现了很多算法来研究如何能在性能最优的情况下找到相对的最短路径。最常见的算法是 Dijkstra（迪科斯特拉）算法、Bellman-Ford（贝尔曼 – 福特）算法及 Floyd（弗洛伊德）算法。

8.2.2　Dijkstra 算法

扫一扫，看视频

Dijkstra 算法主要是采用贪心法的思想得到单源最短路径的结果。Dijkstra 算法是由荷兰计算机科学家迪科斯特拉于 1959 年提出的，专门用于解决有权图中的最短路径问题，其基本步骤是从初始节点开始，采用贪心法的策略，依次遍历最近且没有访问过的邻接节点，直到到达目标节点为止。

如图 8-14 所示的图结构，所有的节点连接边中的数字为权值。根据 Dijkstra 算法，求从节点 A 到达其他节点的最短路径和距离，具体的步骤如下：

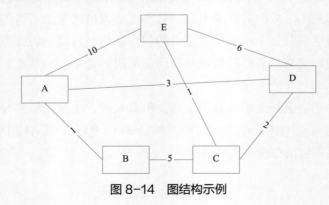

图 8-14　图结构示例

（1）从节点 A 连接的其他 4 个节点建立最短路径表，如表 8-2 所示，此时从节点 A 出发无法直接到达节点 C，其余节点均可以直接到达。

表 8-2　最短路径表 1

初始节点	目标节点	路　径	长　度
A	B	A–B	1
	C		
	D	A–D	3
	E	A– E	10

（2）选出距离最短的节点进行其他节点的路径的更新，此时选定的节点为 B，也就是说，节点 B 与节点 A 的最短距离已经确定，就是 1。需要注意的是，如果计算得到的长度比之前表 8-2 中的大，则不更新；如果长度小于原本的长度，则进行路径和长度的更新。节点 A 经过节点 B 可以直接到达节点 C，所以更新路径表为表 8-3 所示。

表 8-3　最短路径表 2

初始节点	目标节点	路　径	长　度
A	B	A–B	1
	C	A–B–C	6
	D	A–D	3
	E	A– E	10

 注意：此时确定的节点 B 的最短路径建立在不存在负权值的基础上，如果存在负权值，则不能使用 Dijkstra 算法。Dijkstra 算法本身认为边一定是正权值，在一边相同的基础上，随着边数的增加一定会导致权值的增加。

（3）此时表 8-3 中的最短距离是节点 D，也就是说，此时节点 A 到节点 D 的最短路径也被确定，继续通过节点 D 更新最短路径表。节点 D 连通的节点有两个，分别是节点 C 的权值为 2 和节点 E 的权值为 6。从节点 A 出发经过节点 D，到达节点 C 的距离为 3+2=5，小于通过节点 B 到达节点 C 的长度 6，同样到达节点 E 的长度也小于节点 A 直接到达节点 E 的长度，所以更新路径表中的内容。更新后的路径表如表 8-4 所示。

表 8–4　最短路径表 3

初始节点	目标节点	路　径	长　度
A	B	A–B	1
	C	A–D–C	5
	D	A–D	3
	E	A–D–E	9

（4）此时表 8–4 中没有确定的最短距离为 5，也就是从节点 A 开始，经过节点 D 到达节点 C 的距离，节点 C 到节点 E 的距离为 1，总距离为 6。也就是说，从节点 A 出发，通过节点 D 和节点 C 最终到达节点 E 的距离，小于通过节点 D 到达节点 E 的距离。更新后的最短路径表，如表 8–5 所示。

表 8–5　最短路径表 4

初始节点	目标节点	路　径	长　度
A	B	A–B	1
	C	A–D–C	5
	D	A–D	3
	E	A–D–C–E	6

（5）最终遍历完节点 E，此时所有的节点到达节点 A 的最短路径都已经确定，完成整个算法循环。

可以使用 Python 描述上述过程，仍然采用对象的方式存储输入的表结构和权值。输入数据和定义对象的代码如下所示。

```python
# Python 性能分析
import cProfile

list = {}
# 采用对象的形式保存最短路径表
pts = {}
# 记录节点是否已经是最短路径
sort_point = []

# 需要执行的全部代码
```

```
while True:
    input_str = input(" 输入关系 ( 使用 - 分割 A-5-B) : \n")
    if input_str == "":
        print(pts)
        break
    else:
        # 输入是英文 "-" 时进行分割
        t = input_str.split("-")
        # 更改存储结构，将节点作为键值存放，方便取数据，具体方式需要考虑图结构的存储结构
        # 节点 A 到节点 B
        if t[0] in list:
            list[t[0]].append({"point": [t[0], t[2]], "power": int(t[1])})
        else:
            list[t[0]] = [{"point": [t[0], t[2]], "power": int(t[1])}]
        # 无向图，存在两种方向，节点 B 到节点 A
        if t[2] in list:
            list[t[2]].append({"point": [t[2], t[0]], "power": int(t[1])})
        else:
            list[t[2]] = [{"point": [t[2], t[0]], "power": int(t[1])}]
        # 记录结果表
        pts[t[0]] = {"s_way": "", "power": 0}
        pts[t[2]] = {"s_way": "", "power": 0}
cProfile.run('myFun()')
```

等待用户输入全部数据后，默认初始节点为 A，从节点 A 开始调用 get_sort() 方法计算到达每个节点的距离，所有的节点都已经确认为最短距离后停止循环，输出最终的结果。

myFun() 方法的代码如下所示。

```
# 如果没有指定，默认初始节点为 A
def myFun(sp='A'):
    # 需要修改值
    global sort_point, pts
    # 判断是否全部的节点进入生成树中
    while len(sort_point) < len(pts):
        # 初始化
```

```
            if len(sort_point) == 0:
                sort_point.append(sp)
                continue
            else:
                # 获得与节点连接的权值
                get_sort(sort_point[-1])
    print(" 节点到达最短路径为: ")
    for i in pts:
        print(i, pts[i])
```

在获取最短距离时，需要对比的是当前表中存储的距离和通过当前节点距离的大小。如果通过当前节点访问目标节点时的距离小于表中存储的数值，则代替表中暂时存储的路径，在每一次调用该方法的最后，认为排序后的最短距离的节点已经达到了最短路径，将该节点作为下一次的途经节点进行循环。

get_sort() 方法的代码如下所示。

```
# 获取最小生成树中存在节点连接最近的边
def get_sort(t_point):
    global sort_point, pts
    # 初始化节点路径
    if t_point == sort_point[0]:
        pts[t_point]['s_way'] = t_point
    for j in list[t_point]:
        # 已经可以到达的节点，需要进行距离的比较
        if j['point'][1] in sort_point:
            # 对于已经找到最短路径的节点不进行比较
            continue
        if pts[j['point'][1]]['power'] > pts[j['point'][0]]['power'] + j["power"]
or pts[j['point'][1]]['power'] == 0:
                # 字符串描述路径
                pts[j['point'][1]]['s_way'] = pts[j['point'][0]]['s_way'] + '-' + j['point'][1]
                # 为节点填充距离
                pts[j['point'][1]]['power'] = pts[j['point'][0]]['power'] + j["power"]
    print("----------------------")
    # 当前所有的距离，将未确定最短距离的节点认为是最短路径
    lst = sorted(pts, key=lambda item: pts[item]["power"])
```

```
    print(lst)
    for next_point in lst:
        if next_point not in sort_point and pts[next_point]["power"] > 0:
            sort_point.append(next_point)
            break
    print(sort_point)
```

　　输入如图 8-14 所示的图结构示例，代码的运行结果如图 8-15 所示。在上述代码中，实现 Dijkstra 算法使用了 while 和 for 两层循环，Dijkstra 算法的时间复杂度是 O(n^2)。在实际的 Dijkstra 算法中，可以采用堆进行优化，假定图结构的节点数为 V 时，算法的时间复杂度可以达到 $O(V \log V+E)$。

```
结点到达最短路径为：
A {'s_way': 'A', 'power': 0}
B {'s_way': 'A-B', 'power': 1}
C {'s_way': 'A-D-C', 'power': 5}
D {'s_way': 'A-D', 'power': 3}
E {'s_way': 'A-D-C-E', 'power': 6}
        83 function calls in 0.000 seconds

  Ordered by: standard name
```

图 8-15　最短路径表

8.2.3　Bellman-Ford 算法

　　Bellman-Ford 算法是另外一种计算两个节点之间最短路径的算法，该算法是由理查德·贝尔曼和莱斯特·福特在 1956—1958 年发布的。和 Dijkstra 算法不同的是，Bellman-Ford 算法可以支持图结构中边的权值为负的情况，这种算法是对动态规划的一种应用。

　　Bellman-Ford 算法的原理是：使用全部的边，从起点开始到其他 $n-1$ 个节点依次进行访问，一直重复 $n-1$ 次，计算得到所有的路径之后，将最短路径输出。这样的操作造成了 Bellman-Ford 算法的速度慢于 Dijkstra 算法，但是 Bellman-Ford 算法更加简单且适用于分布式系统。Bellman-Ford 算法需要对所有的节点和边进行循环，假定图中的节点数为 V，边的条数为 E 时，算法的时间复杂度为 $O(VE)$。

　　如图 8-16 所示的图结构，其中包含负数的权值。

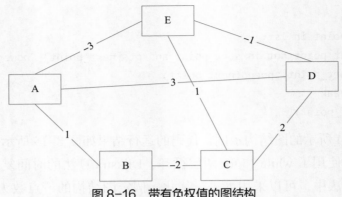

图 8-16　带有负权值的图结构

使用 Bellman-Ford 算法也会建立一个路径表，不同于 Dijkstra 算法建立的路径表，Bellman-Ford 算法建立的路径表包含所有的路径信息并进行比较，也正是因为 Bellman-Ford 算法考虑了所有的路径，所以该算法支持负权值。假设从节点 A 出发，求到该图中各个节点的最短距离，具体的步骤和生成的路径表如下：

（1）从节点 A 出发，初始化路径表，将所有除了初始化节点以外的节点距离设为无穷大，如表 8-6 所示。

表 8-6　初始化路径表

A	B	C	D	E
0	∞	∞	∞	∞

（2）因为图 8-16 是一张无向图，可以将无向图中的边理解为两条具有方向的边，且具有 5 个节点，所以应当循环 4 次。从节点 A 开始，可以直接到达节点 B、D、E，需要对表 8-6 进行更新，如表 8-7 所示。

表 8-7　从节点 A 出发的路径表

A	B	C	D	E
0	∞	∞	∞	∞
0	1	∞	3	–3
0	1	∞	–4（A-E-D）	–3

注意： 在计算最短带权路径的时候一定需要进行负环的判定。例如表 8-7 中，节点 A 到达节点 E 的距离为 –3。图 8-16 是无向图，从节点 A 出发到达节点 E 后，也可以从节点 E 回到节点 A。

也就是说，从节点 A 出发经过节点 E 后，要回归节点 A 再次访问节点 E，则经过的距离应当是 –3*2，该值明显小于 –3，但不应当是节点 A 到达节点 E 的最短距离。这种情况称为负环，即节点成环后带权路径为负数。如果不考虑这种情况，程序会无止境地运行，因为每次通过环结构得到的带权路径都是小于之前的带权路径的。

（3）访问已经得到有限结果的节点 B、D、E，并对路径表进行更新，如表 8-8 所示。

表 8-8　更新后的路径表

A	B	C	D	E
0	∞	∞	∞	∞
0	1	∞	3	–3
0	1	∞	–4（A-E-D）	–3
0	1	5（A-D-C）	–4	–3
0	1	–1（A-B-C）	–4	–3
0	1	–2（A-E-C）	–4	–3

（4）此时连接到了节点 C，对节点 C 进行访问，并对路径表进行更新，如表 8-9 所示，得到最终的路径表。

表 8-9　最终的路径表

A	B	C	D	E
0	∞	∞	∞	∞
0	1	∞	3	–3
0	1	∞	–4（A-E-D）	–3
0	1	5（A-D-C）	–4	–3
0	1	–1（A-B-C）	–4	–3
0	1	–2（A-E-C）	–4	–3
0	–4（A-E-C-B）	–2（A-E-C）	–4	–3

使用 Python 描述上述算法，其设计逻辑和 Dijkstra 算法几乎一致，代码如下所示。需要注意的是，在 Bellman-Ford 算法中可能出现负权值，所以需要对所有的边进行统计，得到最小权值。

输入数据时需要输入负值，所以必须使用其他符号进行分割，这里使用"|"进行数据的分割。

```python
# Python 性能分析
import cProfile


list = {}
# 采用对象的形式保存最短路径表
pts = {}
# 记录节点是否已经是最短路径
sort_point = []


# 需要执行的全部代码
while True:
    # 存在 "-" 号，所以不能通过 "-" 分割
    input_str = input(" 输入关系 ( 使用 | 分割 A|5|B) : \n")
    if input_str == "":
        print(pts)
        break
    else:
        # 输入是英文 "|" 时进行分割
        t = input_str.split("|")
        # 更改存储结构，将节点作为键值存放，方便取数据，具体方式需要考虑图结构的存储结构
        # 节点 A 到节点 B
        if t[0] in list:
            list[t[0]].append({"point": [t[0], t[2]], "power": int(t[1])})
        else:
            list[t[0]] = [{"point": [t[0], t[2]], "power": int(t[1])}]
        # 无向图，存在两种方向，节点 B 到节点 A
        if t[2] in list:
            list[t[2]].append({"point": [t[2], t[0]], "power": int(t[1])})
        else:
            list[t[2]] = [{"point": [t[2], t[0]], "power": int(t[1])}]
        # 记录结果表
        pts[t[0]] = {"s_way": "", "power": 0}
        pts[t[2]] = {"s_way": "", "power": 0}
cProfile.run('myFun()')
```

执行代码时应当注意，在边出现负权值的情况下可能出现权值为 0 的情况，所以初始化

权边时，需要初始化边为 None 来代表无穷大，通过判断 None 类型进行权边的排序和判定，也就是说节点 A 到其他节点的距离为 None。

```python
# 如果没有指定，默认初始节点为 A
def myFun(sp='A'):
    # 需要修改值
    global sort_point, pts, points_table
    # 判断是否全部的节点进入生成树中
    while len(sort_point) < len(pts):
        # 初始化
        if len(sort_point) == 0:
            sort_point.append(sp)
            continue
        else:
            # 获得与节点连接的权值
            get_sort(sort_point[-1])
    print(" 节点到达最短路径为: ")
    for i in pts:
        print(i, pts[i])



# 获取最小生成树中存在节点连接最近的边
def get_sort(t_point):
    global sort_point, pts
    # 初始化节点路径
    if t_point == sort_point[0]:
        pts[t_point]['s_way'] = t_point
    for j in list[t_point]:
        # 已经可以到达的节点，需要进行距离的比较
        if j['point'][1] in sort_point:
            # 对于已经找到最短路径的节点不进行比较
            continue
        if pts[j['point'][1]]['power'] > pts[j['point'][0]]['power'] + j["power"]
or pts[j['point'][1]]['power'] == 0:
            # 字符串描述路径
            pts[j['point'][1]]['s_way'] = pts[j['point'][0]]['s_way'] + '-' + j['point'][1]
            # 为节点填充距离
            pts[j['point'][1]]['power'] = pts[j['point'][0]]['power'] + j["power"]
```

```
print("----------------------")
# 当前所有的距离，将未确定最短的节点认为是最短路径
lst = sorted(pts, key=lambda item: pts[item]["power"])
print(lst)
for next_point in lst:
    if next_point not in sort_point and pts[next_point]["power"] != 0:
        sort_point.append(next_point)
        break
print(sort_point)
```

运行结果如图 8-17 所示。

```
结点到达最短路径为：
A {'s_way': 'A', 'power': None}
E {'s_way': 'A|E', 'power': -3}
D {'s_way': 'A|E|D', 'power': -4}
C {'s_way': 'A|E|D|C', 'power': -2}
B {'s_way': 'A|E|D|C|B', 'power': -4}
            72 function calls in 0.000 seconds

    Ordered by: standard name
```

图 8-17   最短路径的结果

8.2.4　Floyd 算法

扫一扫，看视频

　　Floyd 算法是一个非常经典的动态规划算法，同样是为了找到单元的最短路径。不同于 Dijkstra 算法和 Bellman-Ford 算法，Floyd 算法寻找的是任意一对顶点间的最短路径，而不是直接求得由某一点出发到其他任意点的最短距离。Floyd 算法这种部分求解的过程也就意味着该算法可以达到较高的效率。

　　Floyd 算法将所有可能的节点两两组合，从初始节点开始，求得到最终节点的距离，设为初始值。如果不直接连通，则认为从初始节点到最终节点需要通过其他节点。假设需要通过的节点为节点 k（可能有多个），则选定任意节点 k 作为中间节点，计算初始节点到达最终节点的距离作为初始值。

　　接着使用循环分别求得经过这些中间节点 k 的距离，如果计算得到的距离小于初始值，则用该距离代替初始值。直到对所有的节点循环计算完成后，最终得到的距离值和路径就是两个点之间的最短距离和路径。

　　如图 8-18 所示的图结构，使用 Floyd 算法从节点 A 出发，最终节点假设为 C，具体的步骤如下：

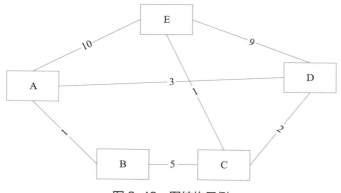

图 8-18　图结构示例

（1）从节点 A 出发，没有直接能到达节点 C 的边，则随机找到一个节点 B，经过节点 B 可以到达节点 C，距离为 1+5=6。

（2）经过节点 D 和节点 E 都可以到达节点 C。判断经过节点 D 的情况，从节点 A 经过节点 D 到达节点 C，距离为 3+2=5，小于当前最短距离 6，所以更新最短路径。

（3）判断节点 E，从节点 A 经过节点 E 到达节点 C，距离为 10+1=11，大于当前最短距离，所以不采用经过点 E 的路径。在图 8-18 所示的图结构中不存在负权值，所以不用考虑其他的路径（例如经过节点 E 和节点 D 两点到达节点 C 的路径），得到节点 A 到节点 C 的最短路径为 A-D-C，距离为 5。

 注意：在使用 Floyd 算法获取图结构的具体过程中，如果采用邻接矩阵方式存储图结构，则只需要通过二维数组的值进行加和和判定就可以得到最短路径，这里不再赘述。

8.3　小结、习题和练习

8.3.1　小结

本章主要介绍了图结构中的一些算法，包括将图结构转换为最小生成树的一些算法，以及求最短路径的一些算法的思路和代码实现。对图结构的算法而言，最重要的是算法执行的具体思想，这些算法思想往往能解决一些实际问题。对这些算法问题的学习重点并不是代码实现，而是对算法思想的理解和应用。

在算法的发展过程中，所有算法都是逐渐完善和优化的，所以在很多算法中都可以看到之前算法的影子。算法的发展过程永远都是趋于最优的过程，不同的算法有自己适用的场景，没有绝对的优劣之分。

8.3.2　习题和练习

为了更好地理解本章的内容，希望读者可以完成以下习题与相关练习。

习题 1（选择题）：求下面带权图的最小生成树时，可能是 Kruskal 算法第二次选中，但不是 Prim 算法（从 V4 节点开始）第二次选中的边的是（　　　）。

　　A.（V1，V3）　　　　　　　　　　　　B.（V1，V4）

　　C.（V2，V3）　　　　　　　　　　　　D.（V3，V4）

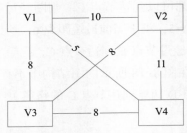

习题 2（选择题）：以下关于图的叙述中，正确的是（　　　）。

　　A. 图与树的区别在于，图的边数大于或等于顶点数

　　B. 假设有图 G=（V，{E}），顶点集 V′ ∈ V，E′ ∈ E，则 V′ 和 {E′} 构成 G 的子图

　　C. 无向图的连通分量指无向图中的几大连通子图

　　D. 图的遍历就是从图中某一顶点出发访遍图中的其余顶点

习题 3（选择题）：具有 6 个节点的无向图，当有（　　　）条边时能确保是一个连通图。

　　A. 8　　　　　　　　B. 9　　　　　　　　C. 10　　　　　　　　D. 11

习题 4（简答题）：有 n 个顶点的有向重连通图，最少有几条边？最多有几条边？

练习 1：熟练掌握图结构和树结构的相互转换，掌握最小生成树和连通分量的概念。

练习 2：理解最短路径问题的意义，可以结合现实问题考虑如何实现最短路径。

第 9 章

Python 中的树算法

本章介绍常用的树算法，其中涉及二叉树的搜索算法，以及 B 树和红黑树的基础知识。与之前的算法相比，二叉树的相关算法有通常的适用场景，也正是因为二叉树算法提供的性能优势，这些算法才被应用在更多的场景中。

本章主要内容

- 常见的树结构的衍生结构，以及相关的代码实现
- 二叉搜索树与二叉平衡树的定义，以及相关的代码实现
- B 树与 B+ 树的概念及常见的操作
- 红黑树的概念和常见的操作

扫一扫，看视频

本章思维导图

9.1 二叉搜索树

二叉搜索树（binary search tree）又被称为二叉排序树和二叉查找树，二叉搜索树的本质是二叉树的一种，这种特殊的二叉树和节点中代表的值有关。通过二叉搜索树可以快速地在这种树结构中找到目标节点。

9.1.1 二叉搜索树的概念

扫一扫，看视频

二叉搜索树是具有特殊性质的二叉树，二叉搜索树具有下列性质。

- 二叉搜索树的左子树节点只能是空或者是均小于根节点的值。
- 右子树节点只能为空或者是均大于根节点的值。

依此类推，这两条性质作用于所有的子树和根节点之间的关系，就是一棵二叉搜索树，如图 9-1 所示。

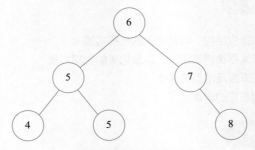

图 9-1　二叉搜索树

在图 9-1 中，对应节点 5 的根节点是 6，节点 5 小于节点 6，所以节点 5 应当在节点 6 的左子树中，而节点 7 在构造二叉搜索树时是大于节点 6 的，所以应当处于节点 6 的右子树中。

同理，当节点 4 需要进入二叉搜索树时，首先判定节点 6，应当在节点 6 的左子树中，再判定左子树中的节点 5，节点 4 是小于节点 5 的，所以应当在节点 5 的左子树中。构造二叉搜索树时，如果节点相同，则将相同的节点放在右子树中。

二叉搜索树的性能优势在于：可以快速地找到二叉树中的目标节点，并且可以有序地输出所有已经经过排序的数据，同时，这些操作具有相当的高效性，与二叉搜索树的深度成正比关系。

使用二叉搜索树可以实现一个字典数据结构，或者作为一个有序的优先队列。二叉搜索树也存在一个根节点的选择问题。如图 9-2 所示的二叉搜索树，其中的二叉搜索树其实是图 9-1 所示的二叉搜索树的变形，但是其属于一棵低效的二叉搜索树。这是因为根节点是 4，其他所有的节点都出现在右子树中。图 9-2 中二叉搜索树的深度远大于图 9-1 中的二叉搜索树，这导致了到达目标节点的时间远长于图 9-1 的时间。

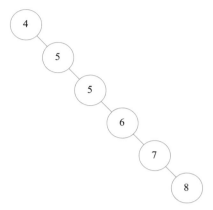

图 9-2　变形后的二叉搜索树

一般情况下，在二叉搜索树的创建中，根节点的选择应当是完全随机的。在这种随机的情况下，当数据规模为 n 个节点时，平均最差时间复杂度是 $O(\lg n)$。当出现最小或最大节点作为根节点的情况下，会导致数据节点为链状连接，如图 9-2 所示，此时最差时间复杂度为 $O(n)$。

9.1.2　二叉搜索树的实现和插入节点

扫一扫，看视频

二叉搜索树是二叉树的一种，可以使用字典或者对象进行模拟。二叉搜索树中的结构其实和普通的二叉树一致，代码如下所示，两者最大的区别在于，创建二叉树时插入节点的规则。

```
# 二叉树节点
class STreeNode:
    left_node = None
    right_node = None

    def _init_(self, key):
        self.key = key
```

二叉搜索树的当前节点连接了两个节点，左节点存放的数据应当是小于当前节点的，而右节点存放的数据应当是大于当前节点的。

在二叉搜索树算法中应当包含一个对象属性作为根节点。为了方便节点的插入，设置一个属性作为辅助插入节点的游标，记录插入判定的当前节点。二叉搜索树的数据结构的实现代码如下所示。

```
# 二叉搜索树
class STree:
    root = None


    def _init_(self):
        # 游标
        self.current = None
```

　　每次插入节点前，需要进行插入节点的数据和当前节点的数据的对比。如果需要插入节点的数据大于当前节点，则将下一次的对比节点指定为当前节点的右节点。如果需要插入节点的数据小于当前节点，则将下一次的对比节点指定为当前节点的左节点。

　　当需要插入的位置上为 None 对象时，直接进行插入操作。如果在节点插入二叉搜索树时，该二叉搜索树是一棵空树，则将第一个进行插入操作的节点定义为二叉搜索树的根节点（root 节点）。

　　完整的插入节点的 insert() 方法的代码如下所示。

```
# 插入算法
    def insert(self, i, that):
        if that.root is None:
            that.root = STreeNode(i)
            that.current = that.root
        else:
            # 数据大于目标节点，判定是右节点
            if i > that.current.key:
                print("now_parents:", that.current.key)
                # 数据非空判定
                if that.current.right_node is not None:
                    self.current = that.current.right_node
                    that.insert(i, self)
                else:
                    print("right_node", i)
                    # 将节点放入右节点
                    that.current.right_node = STreeNode(i)
                    self.current = self.root
            else:
                # 数据小于目标节点，存放在左节点中
                print("now_parents:", that.current.key)
                if that.current.left_node is not None:
                    self.current = that.current.left_node
```

```
                    that.insert(i, self)
            else:
                    print("l_node", i)
                    # 将节点放入左节点
                    that.current.left_node = STreeNode(i)
                    self.current = self.root
```

可以对一组无序的数据 (5, 3, 6, 4, 7, 2, 4) 执行创建二叉搜索树的操作，定义第一个数据 5 为根节点。创建二叉搜索树的步骤如下：

（1）数据 5 进入二叉搜索树，此时树为空，所以将数据 5 作为根节点。

（2）数据 3 进入二叉搜索树，树的根节点为 5，因为 3<5，且 5 的左孩子节点是空，所以将 3 放在 5 的左节点上。

（3）数据 6 进入二叉搜索树，树的根节点为 5，因为 6>5，且 5 的右孩子节点是空，所以将 6 放在 5 的右节点上。

（4）数据 4 进入二叉搜索树，树的根节点为 5，因为 4<5，且 5 的左孩子节点是 3，再进行 3 和 4 的判定，因为 4>3，3 的右节点为空，所以将 4 放在 3 的右节点上。

（5）数据 7 进入二叉搜索树，树的根节点为 5，因为 7>5，且 5 的右孩子节点是 6，再进行 7 和 6 的判定，因为 7>6，6 的右节点为空，所以将 7 放在 6 的右节点上。

（6）数据 2 进入二叉搜索树，树的根节点为 5，因为 2<5，且 5 的左孩子节点是 3，再进行 3 和 2 的判定，因为 2<3，3 的左节点为空，所以将 2 放在 3 的左节点上。

（7）数据 4 进入二叉搜索树，树的根节点为 5，因为 4<5，且 5 的左孩子节点是 3，再进行 3 和 4 的判定，因为 4>3，3 的右节点为 4，进行 4 和 4 的判定，相同数据这里约定存放在右节点中，所以将 4 放在 4 的右节点上。

最终形成的二叉搜索树如图 9-3 所示。

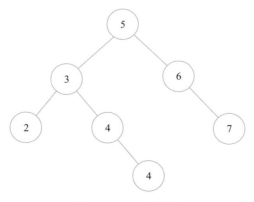

图 9-3　二叉搜索树

> ⚠ **注意：** 对于值相同但是顺序不同的数据，最终创建的二叉搜索树不一定是一致的，即使根节点已确定的情况下，后续数据的不同也会造成数据节点的位置的变化。

测试时使用 for 循环依次将数据插入空的二叉搜索树中，代码如下所示。

```python
if _name_ == '_main_':
    st = STree()
    # 通过 for 循环让数据依次进行二叉搜索树的插入
    for i in (5, 3, 6, 4, 7, 2, 4):
        print(" 正在插入 ", i)
        st.insert(i, st)

    print(" 根节点是: ", st.root.key)
```

在节点插入的过程中会详细地打印插入节点的过程，如图 9-4 所示。

```
F:\anaconda\python.exe H:/book/python-book/python_book_2/src/9/9-1-1.py
正在插入： 5
正在插入： 3
当前判断节点: 5
插入新左节点： 3
正在插入： 6
当前判断节点: 5
插入新右节点： 6
正在插入： 4
当前判断节点: 5
当前判断节点: 3
插入新右节点： 4
正在插入： 7
当前判断节点: 5
当前判断节点: 6
插入新右节点： 7
正在插入： 2
当前判断节点: 5
当前判断节点: 3
插入新左节点： 2
正在插入： 4
当前判断节点: 5
当前判断节点: 3
当前判断节点: 4
插入新左节点： 4
根节点是: 5

Process finished with exit code 0
```

图 9-4　插入数据的过程

在二叉搜索树中非常重要的一个性质是：针对所有二叉搜索树的中序遍历都是有序的。如图 9-3 中的二叉搜索树，对此二叉搜索树使用中序遍历，将会返回从小到大依次排列的所有节点数据，代码如下所示。

```python
# 二叉搜索树
class STree:
    ...

    # 中序遍历
    def in_order_tree_walk(self, node=None):
        # 非空性判定
        if node is not None:
            # 到达左子树的叶子节点
            self.in_order_tree_walk(node.left_node)
            print(node.key)
            self.in_order_tree_walk(node.right_node)
        # else:
        #     print(" 二叉树节点为空 ")


if _name_ == '_main_':
    st = STree()
    # 通过 for 循环让数据依次进行二叉搜索树的插入
    for i in (5, 3, 6, 4, 7, 2, 4):
        st.insert(i, st)

    print(" 根节点是：", st.root.key)

    # 遍历
    print(" 遍历开始 ")
    st.in_order_tree_walk(st.root)
```

上述代码的运行结果如图 9-5 所示。

```
F:\anaconda\python.exe H:/book/python-book/python_book_2/src/9/9-1-1-1.py
根结点是： 5
遍历开始
2
3
4
4
5
6
7
```

图 9-5 二叉搜索树的中序遍历结果

二叉搜索树除了节点数据是有序排列外，还有几个简单的性质。例如，二叉搜索树从根节点出发到最左边的叶子节点的值是该二叉搜索树的最小值，最大值是从根节点出发到达最右边的叶子节点的值。

9.1.3　二叉搜索树的检索和删除

扫一扫，看视频

　　　　二叉搜索树的检索功能和这棵二叉树的深度有关。已知目标节点的值，检索时只需要从二叉搜索树的根节点开始依次进行判断。如果根节点的数据小于目标值，目标节点只可能存在于根节点的右子树中；如果根节点的数据大于目标值，目标节点只可能存在于根节点的左子树中。

如果遍历子树中所有的节点后，最终没有找到目标节点，则认为这个节点并不在二叉搜索树中，这种情况是二叉搜索树的最坏请求，此时对比次数就是二叉搜索树的深度。所以说二叉搜索树的检索效率和其深度有关。

上述操作具体的实现代码如下所示。

```python
# 二叉搜索树
class STree:
    root = None
    ...
    # 节点查找
    def search_node(self, node, c_node):
        while True:
            if c_node is None:
                return None
            if node == c_node.key:
                return c_node
            if node < c_node.key:
                c_node = c_node.left_node
            else:
                c_node = c_node.right_node
```

search-node() 方法的调用过程如下所示，运行时可以对输入的数据进行检索，检索过程如图 9-6 所示。

```python
if _name_ == '_main_':
    st = STree()
```

```
# 通过 for 循环让数据依次进行二叉搜索树的插入
for i in (5, 3, 6, 4, 7, 2, 4):
    st.insert(i, st)
# 遍历
print(" 遍历开始 ")
st.in_order_tree_walk(st.root)
while 1:
    t = int(input(" 输入需要寻找的节点 "))
    sr = st.search_node(t, st.root)
    if sr is not None:
        print(" 已找到节点: ", sr.key)
        print(" 节点的孩子节点是:%s %s" % (str(sr.left_node), str(sr.right_node)))
    else:
        print(" 节点不存在 ")
```

```
F:\anaconda\python.exe H:/book/python-book/python_book_2/src/9/9-1-3-1.py
根结点是: 5
输入需要寻找的结点7
已找到结点: 7
结点的孩子结点是: None None
输入需要寻找的结点8
结点不存在
输入需要寻找的结点3
已找到结点: 3
结点的孩子结点是: <__main__.STreeNode object at 0x000001D2C5D3C1C8> <__main__.STreeNode object at 0x000001D2C5D3C148>
输入需要寻找的结点6
已找到结点: 6
结点的孩子结点是: None <__main__.STreeNode object at 0x000001D2C5D3C188>
```

图 9-6　二叉搜索树的检索过程

　　二叉搜索树的删除过程类似于插入过程，但情况更加复杂，这是因为不是每次删除操作时删除的都是叶子节点，所以不能单纯地将节点置为 None，而是要考虑被删除节点和子节点的替换。一般有以下三种情况。

　　（1）删除的节点为叶子节点，没有子节点，直接删除目标节点即可。

　　（2）删除的节点包含一个孩子节点，如图 9-7（a）所示，无论这个孩子节点是左孩子节点还是右孩子节点，将这个节点提升至目标节点的位置，删除目标节点，如图 9-7（b）所示。

　　（3）删除的节点包含多个孩子节点，需要找到目标节点的后继节点来替换目标节点，这个后继节点一定存在于目标节点的右子树中，将目标节点的左子树作为后继节点的左子树。

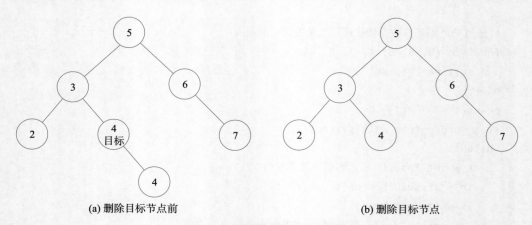

(a) 删除目标节点前　　　　　　　　　　(b) 删除目标节点

图 9-7　删除单节点的目标节点

对于第三种情况,需要分析后继节点的选择。一般而言,如果右子树中有且只有一个节点,则直接使用这个节点替换目标节点。如果右子树中具有多个节点,如图 9-8（a）所示,则需要找出右子树中最小的节点来替换目标节点,如图 9-8（b）所示。

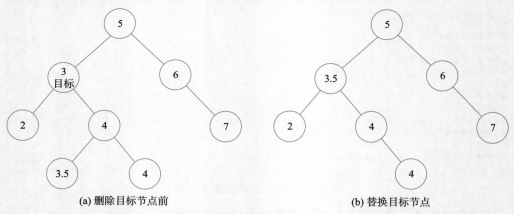

(a) 删除目标节点前　　　　　　　　　　(b) 替换目标节点

图 9-8　删除具有多个节点的目标节点

每次执行删除操作时，需要删除节点的位置不同。首先需要进行节点的检索，同时以变量的形式保存连接目标节点的父节点，同时需要判断是父节点的左节点还是右节点，设定变量保存判断结果，代码如下所示。

```python
# 节点删除方法
def delete_node(self, i, that):
    # 首先需要找到目标节点
    if that.current is None:
        that.current = that.root
```

```
    # 保存父节点
    p = None
    # 保存是否是父节点的左节点
    is_left = None
    while True:
        # 找到目标节点
        pass
        # 继续寻找左子树
        elif i < that.current.key:
            p = that.current
            is_left = True
            that.current = that.current.left_node
        # 寻找右子树
        else:
            p = that.current
            is_left = False
            that.current = that.current.right_node
```

找到目标节点和目标节点的父节点之后，需要对节点的位置进行判断，如果节点没有任何子节点，可以直接将目标节点删除，完成操作，代码如下所示。

```
    # 判定没有子节点时
    if that.current.left_node is None and that.current.right_node is None:
        # 重置为 None，即删除节点
        if is_left:
            p.left_node = None
        else:
            p.right_node = None
        return
```

在上述代码判断的基础上，当目标节点的右节点为空而左节点存在时，这种情况下可以直接使用目标节点的左节点代替目标节点。无论目标节点的左节点上是否存在其他节点，都不会影响二叉搜索树的完整性。

只有左节点为空而右节点存在时，也可以直接使用右节点代替目标节点（如图 9-7 所示），代码如下所示。

```
    # 只有右节点为空，左节点存在时
    elif that.current.right_node is None:
```

```
        if is_left:
            p.left_node = that.current.left_node
        else:
            p.right_node = that.current.left_node
        return
    # 只有左节点为空时
    elif that.current.left_node is None:
        if is_left:
            p.left_node = that.current.right_node
        else:
            p.right_node = that.current.right_node
        return
```

比较复杂的情况就是目标节点具有左节点和右节点，在这种情况下需要对子节点的情况进行判断。

首先，需要进行替换节点的选择，在二叉搜索树的目标节点的右子树中找到最小节点及最小节点的父节点，代码如下所示。

```
    # 目标节点具有左节点和右节点时
    else:
        # 寻找右子树中的替换节点（找到最小的元素）
        min_node = that.current.right_node
        min_node_p = that.current
        while True:
            if min_node.left_node is None:
                break
            elif min_node.left_node is not None:
                min_node_p = min_node
                min_node = min_node.left_node
            else:
                break
    print(" 找到替换节点: ", min_node.key)
```

注意: 在右子树中寻找替换节点只是一种约定。不在目标节点的左子树中寻找替换节点的原因是：选取左子树中最小的元素，会造成整个二叉搜索树的深度增加。当然，也可以选择左子树中最大的元素作为替换节点。

　　找到替换节点后，可以进行目标节点的替换，此时分为两种情况。第一种情况是目标节点的右节点中没有左节点，也就是说，右子树中最小的节点就是目标节点的右节点，如图 9-9（a）所示。此时直接用右子树代替目标节点即可，如图 9-9（b）所示。

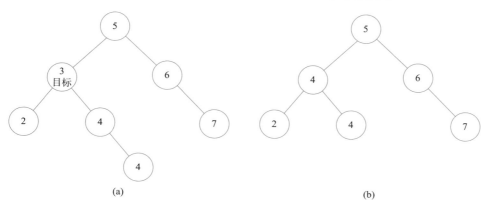

图 9-9　目标节点的替换

　　在这种情况下目标节点的左子树成为替换节点的左子树，替换节点无论是否具有右子树，都无须操作，代码如下所示。

```python
if min_node_p == that.current and min_node.left_node is None:
    # 首先需要将替换的节点从二叉树中取出，否则会造成循环
    min_node_p.right_node = None
    # 接收目标节点的左节点
    min_node.left_node = that.current.left_node
    # 直接替换
    if is_left:
        p.left_node = min_node
    else:
        p.right_node = min_node
    return
```

　　第二种情况是目标节点的右节点中仍具有左节点，如图 9-10（a）所示，这样就不能在节点之间进行替换操作，因为在右子树已经有了两个节点，无法将目标节点的左节点添加上。

　　这种情况下一般会选择右子树中最小的节点作为替换节点，在上述代码中已经获取了最小节点变量 min_node，这个节点一定不具有左节点（左节点为 None，如果左节点存在，则当前节点不是最小值）。得到替换节点后，可以进行目标节点的替换操作。

　　替换操作分为两步，第一步将找到的替换节点的右节点（如果右节点存在时）变化为替换节点的父节点的左节点，如图 9-10（b）所示。此时节点 4 成为一个独立的节点，节点 4 的位置被节点 4 的右节点 4.5 代替。

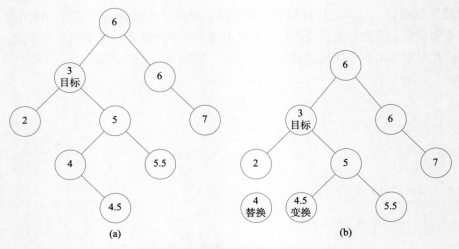

图 9-10   变换右节点为左节点

在图 9-10（b）的基础上，替换操作的第二步是使用替换节点直接代替目标节点，形成新的二叉搜索树，如图 9-11 所示。

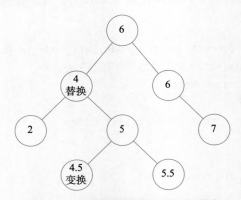

图 9-11   使用替换节点代替目标节点

具体的实现代码如下所示。

```
else:
    # 需要两步，首先将需要替换的节点中的右子树挂载在上级节点，作为左子树
    # 然后替换节点
    min_node_p.left_node = min_node.right_node
    # 继承删除节点的左右子树
    min_node.left_node = that.current.left_node
    min_node.right_node = that.current.right_node
```

```
        if is_left:
            p.left_node = min_node
        else:
            p.right_node = min_node
    return
```

可以使用图 9-10（a）中的数据进行测试，代码如下所示，运行结果如图 9-12 所示。

```
if _name_ == '_main_':
    st = STree()
    # 通过 for 循环让数据依次进行二叉搜索树的插入
    for i in (6,3,2,5,4,4.5,5.5,6,7):
        st.insert(i, st)

    st.delete_node(3, st)
    # 遍历
    print("遍历开始")
    st.in_order_tree_walk(st.root)
```

```
F:\anaconda\python.exe H:/book/python-book/python_book_2/src/9/9-1-3-2.py
找到替换节点： 4
遍历开始
2
4
4.5
5
5.5
6
6
7

Process finished with exit code 0
```

图 9-12　删除节点的节点

9.2　二叉平衡树

顾名思义，二叉平衡树（balanced binary tree）是二叉树的一种，相当于二叉树的变种。二叉平衡树注重的是"平衡"。二叉平衡树通过平衡因子解决了二叉搜索树中可能出现的左、右子树的深度差异过大的问题。

9.2.1 二叉平衡树的概念

扫一扫，看视频

二叉平衡树（balanced binary tree）是平衡搜索树的一种。平衡树（balance tree，BT）是指任意节点的子树的深度差都小于等于 1。二叉树上节点的左子树深度（高度）减去右子树深度（高度）的值为平衡因子（balance factor，BF）。二叉平衡树上所有节点的平衡因子只能是 –1、0、1。

如图 9–13 所示的二叉树就是一棵二叉平衡树。

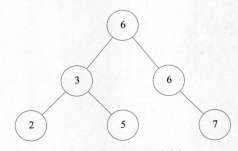

图 9-13　二叉平衡树

二叉平衡树可以是一棵空树。如果二叉平衡树不为空，则针对此树中任意节点的左子树和右子树的深度值不能超过 1。如图 9–14 所示的二叉树就不是一棵二叉平衡树，虽然从根节点 6 开始左、右两棵子树符合平衡树的要求，但是从节点 7 开始其左子树和右子树的深度差为 2，也就是平衡因子为 2，所以不是一棵二叉平衡树。

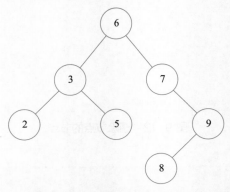

图 9-14　非二叉平衡树

平衡树是一种非常常用的数据结构，这种数据结构具有多种变体，包括 B 树、红黑树，本质上都是平衡树。

二叉平衡树是采用二分法和动态规划的思想进行数据的构建，所有的数据检索都只和最终形成的二叉树的深度有关。n 个节点的二叉平衡树不会像二叉搜索树一样出现链状结构，所以二叉平衡树的最差时间复杂度是 $O(\lg n)$。

一棵二叉平衡树一般具有以下规则。

- 非叶子节点最多只允许有 2 个节点。
- 任意节点的左、右子树的深度差不会大于 1。

需要注意的是，二叉平衡树并不要求符合二叉搜索树的规则，所以并不能说二叉平衡树是二叉搜索树的子集。很多书籍中的定义认为平衡二叉搜索树又称为 AVL 树，和二叉平衡树是同一概念，在实际使用时需要进行区分。

 注意：本书所说的二叉平衡树中的节点是有序的，也就是说本节的二叉平衡树特指平衡二叉搜索树。

二叉平衡树的实现和二叉搜索树相差不大，代码如下所示。

```python
# 二叉树节点
class AVLNode:
    left_node = None
    right_node = None
    # 在节点中设置深度
    height = 0

    def _init_(self, key):
        self.key = key


# AVL 树
class AVLTree:

    def _init_(self):
        self.root = None
```

在二叉平衡树中需要记录每个节点到叶子节点的深度，根节点到所有叶子节点的深度之差不能超过 1，如果超过 1，则需要进行旋转操作，9.2.2 节会进行介绍。

9.2.2 二叉平衡树的旋转

二叉平衡树的实现依赖于对平衡因子的判断和控制。如何调节二叉树的根节点来完成整棵树的平衡，是二叉平衡树的实现重点。

扫一扫，看视频

为了保证节点的左右平衡，深度之差小于 1，需要引入旋转的概念。旋转是指将二叉树进行向左或者向右的旋转，通过更换最小不平衡子树对应根节点的方式，使二叉树达到平衡的状态。

二叉树的旋转操作一般分为四种情况：单向右旋、单向左旋、先左后右双向旋转、先右后左双向旋转，这四种情况分别对应了在节点的左子树中插入左节点、在节点的右子树中插入右节点、在根节点的左子树的右子树上插入节点、在根节点的右子树的左子树上插入节点。

> **注意：** 本节所说的根节点并不一定指完整二叉平衡树的根节点，而是指插入节点后受到影响，导致不平衡的最小二叉平衡树中的根节点。

1. 单向右旋

单向右旋操作对应着，在二叉搜索树的根节点的左子树上插入节点，造成平衡因子大于 1 的情况。在左子树中插入节点会使得左子树的深度可能大于右子树的深度，需要进行右旋以转换根节点，如图 9-15 所示。

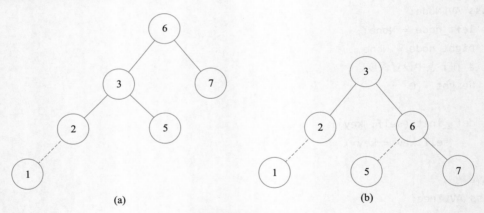

(a)　　　　　　　　　　　　　(b)

图 9-15　单向右旋

如图 9-15（a）所示，因为节点 1 的插入造成左子树的深度和右子树的深度之差为 2，失去平衡，此时需要进行右旋。右旋是将节点 3 作为根节点，对原本作为根节点的节点 6 和节点 6 所连接的右子树进行一次右旋操作，使其成为节点 3 的右子树，并且将原本节点 3 的右子树作为节点 6 的左子树。右旋后得到的是如图 9-15（b）所示的一棵二叉平衡树，其中虚线部分为改变后的节点连接。

在二叉平衡树的旋转中，下面给出单一节点的右旋伪代码，其中 node 为受影响最小子树的根节点。

```
# 单右旋伪代码
# node 是调整前最小子树的根节点
def turn_right(node):
    n1 = node.left
    node.left = n1.right
    n1.right = node
    node.height = max((node.right.height, node.left.height) + 1)
    n1.height = max((node.height, n1.left.height) + 1)
    return n1
```

2. 单向左旋

在二叉搜索树的根节点的右子树中插入节点时，导致右子树的深度可能大于左子树的深度，如图 9-16（a）所示，此时需要进行左旋以转换根节点。

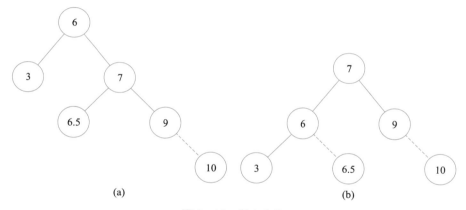

(a)　　　　　　　　　　(b)

图 9-16　单向左旋

将二叉树向左旋转，也就是节点 6 成为节点 7 的左孩子节点，将原本节点 7 的左孩子节点挂载在节点 6 的右节点中，形成新的二叉平衡树，如图 9-16（b）所示。

同样给出单一节点的左旋伪代码，如下所示。

```
# 单左旋伪代码
# node 是调整前最小子树的根节点
def turn_left(node):
    n1 = node.right
    node.right = n1.left
    n1.left = node
    # 重置节点深度
    node.height = max((node.right.height, node.left.height) + 1)
```

```
n1.height = max((node.height, n1.left.height) + 1)
return n1
```

3. 先左后右双向旋转

这种操作对应着在根节点的左子树的右子树上插入节点的情况，如图 9-17 所示。

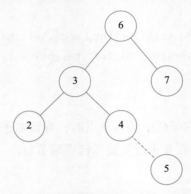

图 9-17　在二叉平衡树中插入节点

如图 9-17 所示，插入节点 5 时，节点 5 成为节点 4 的右孩子节点，会造成从根节点到节点 5 的深度与根节点到节点 7 的深度相差 2，二叉树不再平衡，需要进行旋转操作。此时如果直接右旋，形成的新二叉树如图 9-18 所示，仍然不是平衡的二叉树。所以需要先进行一次子树的左旋，再整体进行右旋。

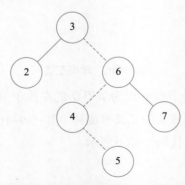

图 9-18　直接右旋后的二叉树（错误二叉树）

针对如图 9-17 所示的二叉树的失衡问题，首先进行左旋操作，如图 9-19（a）所示，将子树重新构造成符合单向右旋条件的子树，旋转后的二叉树相当于在左子树的左节点上增加了一个节点。根据右旋的条件，再将二叉树进行一次右旋操作，重新构造平衡的二叉树，如图 9-19（b）所示。

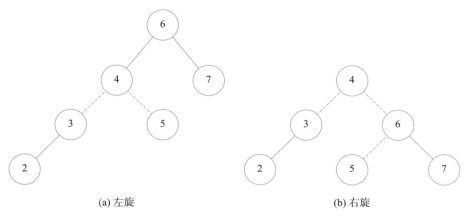

(a) 左旋　　　　　　　　　　　　　　　　(b) 右旋

图 9-19　先左后右双向旋转的二叉平衡树

给出双向旋转（先左后右）过程的伪代码，如下所示。

```python
# 双向旋转（先左后右）
def turn_left_right(node):
    # 先处理左旋节点，也可以直接调用 turn_left 传入节点 node.left
    n1 = node.left
    n2 = n1.right
    n2.left = n1
    node.right = n2
    # 更新深度，需要注意 node 不会因为子树的旋转而变动
    n1.height = n1.left.height + 1
    n2.height = max((n2.left, n2.right) + 1)
    # 处理右旋，可以直接调用 turn_right 传入节点 node
    n3 = node.left
    node.left = n3.right
    n3.right = node
    # 重置节点深度
    node.height = max((node.right.height, node.left.height) + 1)
    n3.height = max((node.height, n3.left.height) + 1)
```

4. 先右后左双向旋转

这种操作对应着在根节点的右子树的左子树上插入节点的情况，如图 9-20（a）所示。这种旋转会分两步执行，第一步进行右旋操作，在右旋的基础上再进行一次左旋操作。

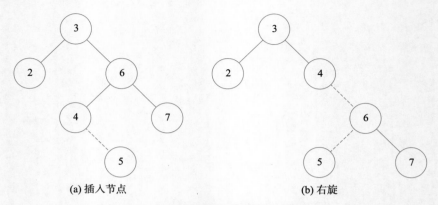

(a) 插入节点   (b) 右旋

图 9-20　先右后左双向旋转（右旋）

需要注意的是，在图 9-20（a）中插入节点，是在右子树的左节点上增加一个右节点，在右旋的过程中原子树的根节点 6 包含右节点，应当将新增加的右节点挂载在节点 6 上作为左节点，如图 9-20（b）所示。

经过右旋的二叉树，再左旋一次，就可以构成新的二叉平衡树，如图 9-21 所示。

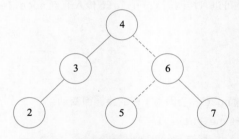

图 9-21　先右后左双向旋转（左旋）

给出执行双向旋转（先右后左）过程的伪代码，如下所示。

```python
# 双向旋转（先右后左）
def turn_left_right(node):
    # 先处理右旋节点，也可以直接调用 turn_right 传入节点 node.right
    n1 = node.right
    n2 = n1.left
    n2.right = n1
    node.left = n2
    # 更新深度，需要注意 node 不会因为子树的旋转而变动
    n1.height = n1.left.height + 1
    n2.height = max((n2.left, n2.right) + 1)
    # 处理左旋，可以直接调用 turn_left 传入节点 node
```

```
n3 = node.right
node.right = n3.left
n3.left = node
# 重置节点深度
node.height = max((node.right.height, node.left.height) + 1)
n3.height = max((node.height, n3.left.height) + 1)
return n3
```

9.3　B 树

B 树（B-tree）也称为 B- 树，是一种特殊的树形结构。B 树是一种多路平衡搜索树，和二叉平衡搜索树（也就是 AVL 树）相比，B 树的搜索路径不止两条。B 树不是二叉树的一种。

9.3.1　B 树的定义

B 树是树结构中多叉树的一种。B 树是专门为磁盘存储设计的一种平衡搜索树，这种数据结构实现的理念是尽可能地降低对外存设备的 I/O 读取次数。B 树和 9.4 节中红黑树的最大区别在于，B 树的节点中可以有很多孩子节点。

B 树的效率依赖于所使用存储设备单元的特性，在 n 个节点的 B 树中，B 树的时间复杂度为 $O(\lg n)$。B 树和其他的排序树相同，可以在时间复杂度 $O(\lg n)$ 内完成对节点的操作。B 树中存储着数据的关键字，可以通过这些关键字快速地找到目标数据的位置。

如图 9-22 所示就是一棵 B 树，根节点中存在两个关键字，第一个分支节点中存储的是比关键字 5 小的数字，第二个分支节点中存储的是大于 5 小于 10 的数据，最后一个分支节点中存储的是比 10 大的数据。

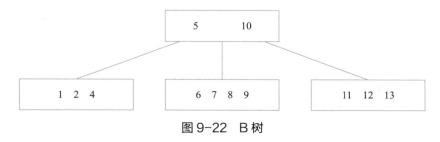

图 9-22　B 树

B 树最典型的应用就是硬盘中内存和外存的数据交换的设计。在计算机中内存数据的输入 / 输出速度远超外存数据的输入 / 输出速度，但是大量的数据无法保存在内存中，所以只能实时地从外存中不断地读取数据写入内存，在内存中进行处理。外存提供了大量的数据存储空间，针对目标数据的查找是使用 B 树完成的。B 树从外存中取得数据放入内存，将内存中经过修改的数据写回外存。

计算机系统维护了一个极大规模的 B 树，B 树的根节点可以在内存中保存，这个根节点可以用来存储外存中的数据关键字。假设这棵 B 树的根节点拥有足够多的孩子节点，将所有的数据关键字挂载在该节点上，形成的 B 树的深度会非常小，这时对数据的获取只需要从根节点查询一次或者两次就可以完成。

B 树具有以下性质。

（1）除空树外，B 树中非叶子节点的子节点数均大于 1 而小于阶数 M，这里的 M 一定大于等于 2。

（2）所有节点中的关键字都是升序存放的，也就是 x.key1<x.key2<x.key3<⋯<x.key$n$。

（3）每个节点中的关键字存在个数的限制，包括根节点在内。假设 B 树的最小度数为整数 t，其中 t 大于等于 2。除根节点外，每个节点的关键字的个数是（$t-1$）~（$2t-1$）；如果这个节点具有 $2t-1$ 个关键字，则称此节点是满的。

（4）如果节点具有 $t-1$ 个关键字，则除了根节点以外的每个内部节点至少有 t 个孩子节点。

（5）所有的叶子节点位于同一层，所有从根节点出发的子树的深度一致。

当 $t=2$ 时，此时的 B 树是最简单的，也称为 2-3-4 树，也就是说，每个内部节点都只具有 2、3 或 4 个孩子节点，如图 9-23 所示。

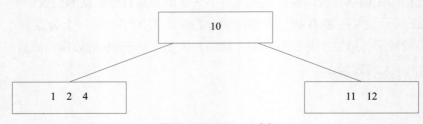

图 9-23 2-3-4 树

除了度数是对关键字的定义以外，B 树还有阶的概念（性质 1）。阶是针对节点关系的定义，认为一个 M 阶的 B 树中，每个节点最多具有 M 个子节点，而每个非叶子节点（除根节点外）最少具有 m/2 个子节点。如果根节点不是叶子节点，必须至少有两个子节点。

可以使用 Python 描述 B 树，节点定义的代码如下所示，使用两个列表元素存储关键字和中间节点的指向。

```python
# B 树节点
class BTreeNode:
    # 子节点位置存储列表
    c_node = []
    # 关键字存储列表
    keys = []
```

在实例化 B 树时，需要指定最小度数 t，通过对节点中关键字的判定，可以查看节点中的关键字是否已满。

```python
# B 树
class BTree:

    # 创建空 B 树
    def _init_(self, t):
        self.root = None
        # 阶数
        self.M = 0
        # 最小度数
        self.t = t
        # 深度
        self.height = 0
```

使用 Python 描述 B 树的操作，首先需要在节点中增加一些简单的辅助方法，用来判定节点中的关键字是否已满，或者返回关键字和对应子节点的切分，代码如下所示。

```python
# B 树节点
class BTreeNode:
    # 子节点位置存储列表
    c_node = []
    # 关键字存储列表
    keys = []

    def _init_(self, c_node=[], keys=[]):
        self.c_node = []
        self.keys = []
    # 通过关键字返回子节点的位置
```

```python
def search(self, key):
    for i in range(0, len(self.keys)):
        if self.keys[i] == key:
            return self.c_node[i]


# 查看关键字是否已满
def check_full(self, t):
    if len(self.keys) == 2 * t - 1:
        return True
    else:
        return False


# 拆分当前节点的关键字，方便节点提升
def re_keys(self, t):
    left = (self.keys[0:t], self.c_node[0:t])
    mid = self.keys[t]
    right = (self.keys[t + 1:], self.c_node[t + 1:])
    return (left, mid, right)
```

9.3.2 B 树中插入关键字

扫一扫，看视频

　　在 B 树中进行一次插入关键字的操作，比在二叉搜索树中插入复杂得多。首先需要查找插入新关键字的叶子节点的位置，在 B 树中不能直接创建一个新的叶子节点作为关键字所在的节点，而是需要将关键字插入已经存在的节点中。

　　如果此时需要插入的节点已满，则不能将关键字插入这个满节点中。如图 9-23 所示的 2-3-4 树，要在此树的基础上插入 5、6、7、13 等关键字。

　　首先插入关键字 5，5 小于 10，所以应该存在 10 左边的第一个节点中，但是这个分支节点中已经有 3 个关键字，此时 2-3-4 树的 $t = 2$，节点的关键字的个数应当小于 4（$2t-1$），所以需要进行调整。在调整时并不能像二叉平衡树一样直接创建子节点，B 树中所有节点的深度应当是一致的。

　　此时需要将一个关键字进行提升（当前根节点中的关键字不满时），根据一定的规则或者方法将原本在子节点中的关键字提升至根节点中（一般会选择中间点，为了方便展示插入数据的操作，这里选择关键字 4），如图 9-24 所示。

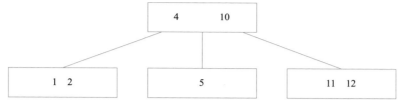

图 9-24　提升关键字

接下来关键字 6、7、13 均能进入 B 树中，而无须调整，如图 9-25 所示。

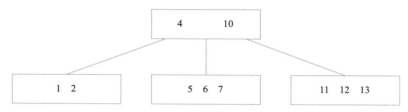

图 9-25　B 树中插入关键字

继续进行关键字的增加，插入 3、14、15、16、17 等关键字，此时因为分支节点 3 中的关键字为满，根节点的关键字不满，则继续提升，直到得到如图 9-26 所示的满 2-3-4 树。

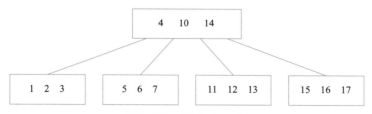

图 9-26　满 2-3-4 树

对于图 9-26 中的树，任何节点的数据插入都会造成节点中关键字的数量超标，所以需要进行 B 树的分裂。分裂一般会从根节点开始，本例中根节点的关键字的个数为 3，取中间节点为新的根节点，分裂后的 B 树如图 9-27 所示。

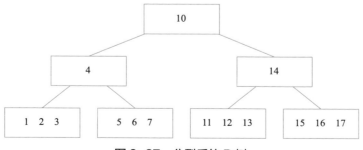

图 9-27　分裂后的 B 树

9.3.3 B 树中删除关键字

扫一扫，看视频

与在 B 树中插入关键字一样，在 B 树中删除关键字也面临着节点的动态调整。相对于插入关键字的操作，B 树中删除关键字的操作更加复杂，因为删除操作并不一定发生在根节点中，而是可能发生在任意一个节点中。

在执行删除关键字的操作时，需要防止删除数据后导致违反 B 树结构的情况发生。初始 B 树如图 9-28 所示，基于 B 树删除关键字的所有情况如下。

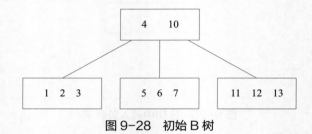

图 9-28　初始 B 树

（1）如果要删除的关键字 k 所在的节点是叶子节点，且叶子节点不只有一个关键字，直接删除关键字即可。例如，在图 9-28 中删除关键字 1 与关键字 2，结果如图 9-29 所示。

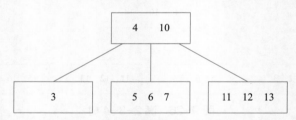

图 9-29　删除叶子节点的关键字（1）

（2）如果要删除的关键字 k 所在的节点不是内部节点，例如在图 9-29 中删除关键字 3。如果该节点中只有一个关键字，需要进行关键字的下降（如图 9-30 所示）或者合并操作。在操作中必须保证包含关键字 k 的子树的根节点包含 t 个关键字。如果经过操作后这个根节点只有 $t-1$ 个关键字，则需要进行以下操作来保证兄弟节点至少包含 t 个关键字。

1）如果子树的根节点只含有 $t-1$ 个关键字，但是相邻的一个兄弟节点至少包含 t 个关键字，则需要从相邻的兄弟节点中借用关键字，放入子树的根节点，将该根节点中原有的关键字下移。

2）如果相邻的所有兄弟节点都只包含 $t-1$ 个关键字，则需要进行节点的合并，与兄弟节点合并为新的节点。

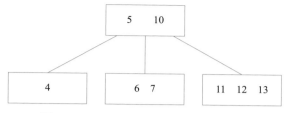

图9-30　删除叶子节点的关键字（2）

（3）如果删除的是内部节点中的关键字 k，例如在图 9-30 中删除关键字 5，结果如图 9-31 所示。如果操作发生在根节点或者是其他的分支节点，则需要将叶子节点的关键字提升至父节点，进行节点中关键字的补齐。替代的关键字一定位于叶子节点中。

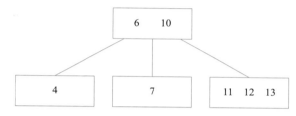

图9-31　删除内部节点的关键字

在实际的删除过程中，虽然节点的调整非常复杂，但是花费的时间并不多，这是因为 B 树的深度非常低，删除的大多数节点是在叶子节点中。B 树解决的是磁盘的寻址速率问题，只要尽可能地减少磁盘操作，就可以提升系统的性能。

9.3.4　B+ 树的定义

扫一扫，看视频

B+ 树（B+ tree）是针对 B 树的一种变种，B+ 树将所有的具体数据都存储在叶子节点中，内部节点只存储叶子节点和关键字，相当于最大化了一棵 B 树的子节点，进一步减少了 B 树的深度。

在真实的 B 树应用中，关键字的意义在于数据的代表，可以通过这个关键字快速地查找到需要的数据（例如哈希表），而关键字本身并不是需要的数据。在真实的应用环境中，B 树的节点中存储的可能是字符串或者其他的二进制数。

为了尽可能地增加关键字的节点分类，更快地查找到具体的数据，B+ 树应运而生。B+ 树和 B 树最大的区别在于，B 树允许将数据本身存储在内部节点中。这意味着，针对目标的查询很可能没有到达 B 树的根节点，就获取了目标数据，并成功地返回数据。这样的设计会导致一个问题，就是这些数据的存在一定程度上影响了对关键字的索引，增加了无用的查找，且关键字的节点没有实现最大化，如图 9-32 所示。

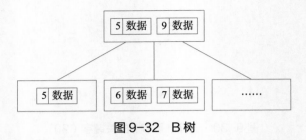

图 9-32　B 树

　　B+ 树中的节点存放的是多个子节点的索引关键字，这些索引关键字可能是子节点中最小（位置在最左边）或者最大（位置在最右边）的元素。

　　不仅如此，B+ 树将所有的具体数据都存放在叶子节点中，内部节点只存储关键字，且所有的节点都处于最下层的关键字节点中，这些关键字节点依次相连，且存储着具体数据对应的地址空间，如图 9-33 所示。

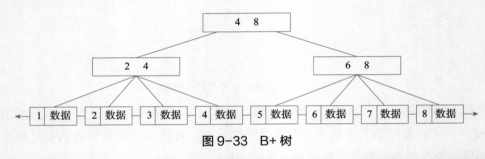

图 9-33　B+ 树

　　也就是说，B+ 树在进行查找时无论是否匹配到关键字，都会沿着这个关键字继续读取，直到叶子节点，在找到关键字后仍然会沿着左边的路径向下，一直查找到该关键字所在的叶子节点为止。例如，MySQL 存储引擎中就是使用 B+ 树结构进行索引。

9.4　红黑树

　　红黑树（red-black tree）的本质是一棵二叉搜索树。与二叉搜索树不同的是，红黑树通过节点的颜色进行约束，是平衡搜索树的一种，可以在最坏的情况下使得节点动态集合操作的时间复杂度为 $O(\lg n)$。

9.4.1　红黑树的定义

　　红黑树是 1972 年由 Rudolf Bayer 发明的，当时称之为平衡二叉 B 树（symmetric binary B-trees），1978 年被 Leo J. Guibas 和 Robert Sedgewick 改为红黑树。

红黑树的节点并不是直观意义上的红色或者黑色，而是通过在节点中增加一个存储位来表示节点的颜色，可以是 RED 或者 BLACK，所以称为红黑树。

红黑树中规定所有的节点必须包括子节点和父节点，如果没有子节点或者父节点，则节点对应的属性应当是 NIL 或者 null。也就是说，可以认为红黑树中的所有叶子节点都是空节点。

红黑树规定，所有的节点必须有颜色，且树的根节点是黑色的，叶子节点（空节点）也是黑色的。如果一个节点是红色的，那么它的两个子节点都是黑色的。

除了规定了节点的颜色，在红黑树中从任何一个节点出发，到所有后代叶子节点的路径上，应当包含相同数目的黑色节点。在上述规则的基础上建立的二叉搜索树就是一棵红黑树，如图 9-34 所示。本书使用实心圆表示黑色节点，空心圆表示红色节点，矩形框表示叶子节点。

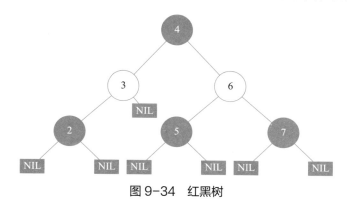

图 9-34　红黑树

在红黑树中有一个非常重要的概念——黑高，就是从某个节点出发所经过的黑色节点的个数。一棵内部有 n 个节点的红黑树的深度至多为 $2\lg(n+1)$，所以红黑树是一种非常高效的二叉树。

红黑树被用在众多开发语言的数组或者字典类型的实现上，例如 Java 1.8 的 HashMap 引入了红黑树来实现，当原本链表的长度超过阈值（8）时，后续的数据将会使用红黑树数据结构代替链表数据结构。

9.4.2　红黑树中的旋转和插入

红黑树要求根节点的颜色是黑色的，所以在创建一个新的红黑树时，需要将根节点设置为黑色，之后的节点通过其父节点的颜色状态进行着色。

在红黑树中也会出现违反红黑树性质的情况，此时需要对红黑树的节点进行旋转操作。红黑树的旋转和二叉平衡树的旋转相似，分为左旋操作和右旋操作。如图 9-35 所示，从（a）图转换到（b）图的过程叫右旋，而从（b）图转换到（a）图的过程叫左旋。

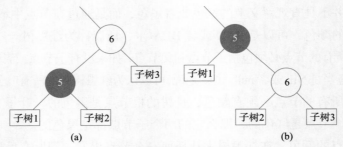

图 9-35　左旋和右旋操作

在红黑树中没有关于分支平衡因子的规定，但是在红黑树中要求红色节点的两个孩子节点必须是黑色节点，而且从任一节点到叶子节点的简单路径都包含相同数目的黑色节点。这两条性质要求红黑树中最长路径的节点总数量不超过最短路径的两倍，如图 9-36 所示。

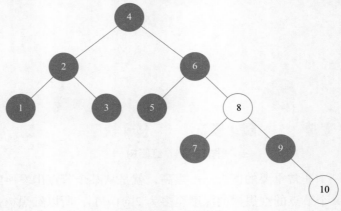

图 9-36　红黑树

在图 9-36 中，红黑树中的最长路径是 4-6-8-9-10（深度 5），最短路径是 3。

在插入操作开始时，一般会涉及红黑树的节点颜色是红色的。创建红黑树时，首先会对节点进行颜色的预渲染，假设此时颜色是红色的节点需要进入红黑树，在插入过程中可能会遇到如下情况。

（1）插入节点是根节点。在红黑树中要求根节点必须是黑色的，此时插入节点是红色的，所以需要直接修改根节点的颜色为黑色，如图 9-37 所示。

图 9-37　插入节点（情况 1）

（2）插入节点是黑色节点的子节点。此时不会破坏红黑树的性质，可以直接插入，如图 9-38 所示。

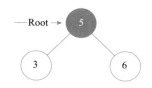

图 9-38　插入节点（情况 2）

（3）插入节点的父节点和叔节点（父节点的兄弟节点）为红色，如图 9-39（a）所示。此时违反了红色节点的子节点应该是黑色节点的性质，需要重新对节点着色。如图 9-39（b）和（c）所示，具体的着色步骤如下：

1）将父节点改为黑色，将祖父节点改为红色，如图 9-39（b）所示。

2）重复上述步骤，递归向上（在图 9-39（b）中因为已经到达根节点，所以不再向上）。

3）查看根节点是否为黑色，如果不是黑色，则将根节点改为黑色，如图 9-39（c）所示。

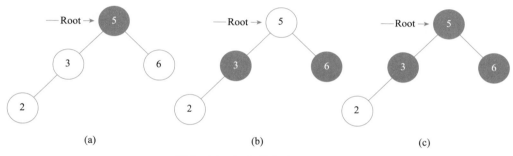

图 9-39　插入节点（情况 3）

（4）插入节点的父节点是红色的，叔节点是黑色的，且插入节点是父节点的右孩子节点，如图 9-40（a）所示。此时需要将节点进行一次左旋操作，如图 9-40（b）所示，使得节点成为情况 5 中的红黑树，再按照情况 5 进行处理。

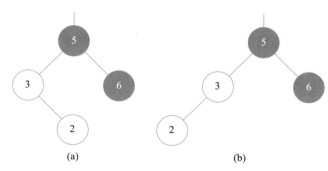

图 9-40　插入节点（情况 4）

> ⚠ **注意**：在红黑树中叶子节点默认是黑色的，所以即使图 9-39 中的节点 6 不存在，实际未画出的叶子节点也是黑色的，符合情况 4。

（5）插入节点的父节点是红色的，叔节点是黑色的，且插入节点是父节点的左孩子节点（或者通过情况 4 左旋而来），如图 9-41（a）所示。此时需要将节点进行改色和右旋，使红黑树中不再有相邻的两个红色节点，如图 9-41（b）所示。

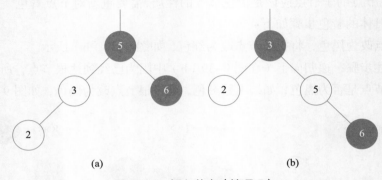

图 9-41　插入节点（情况 5）

9.5 小结、习题和练习

9.5.1 小结

本章主要介绍了几种非常常用的平衡树和搜索树，涉及二叉搜索树和二叉平衡树，以及 B 树和红黑树，这些树算法在实际使用中起到了不可替代的作用，同时也是面试时的难点。本章以二叉搜索树为基点，介绍了二叉搜索树的基础上平衡的概念，逐步引出了二叉平衡树、二叉平衡树的延伸类型 B 树、基于 B 树的最大化分支节点的 B+ 树及 B 树的二叉树版本的红黑树。

9.5.2 习题和练习

为了更好地理解本章的内容，希望读者可以完成以下习题与相关练习。

习题 1（简答题）：构建二叉搜索树 7，5，9，3，4，8，10，11，12，13，14，15。

习题 2（选择题）：以下关于 B 树的叙述中，正确的是（　　　　）。

A. B 树不是平衡树

B. B 树搜索目标时，必须搜索到叶子节点才能获得数据

C. B 树经常用于数据库及文件索引

D. B 树中存在重复的数据节点

习题 3（选择题）：下图所示是一棵 B 树，设其为 M 阶，M 最可能的值是（　　　　）。

A. 1　　　　　　　　　　B. 2　　　　　　　　　　C. 3　　　　　　　　　　D. 4

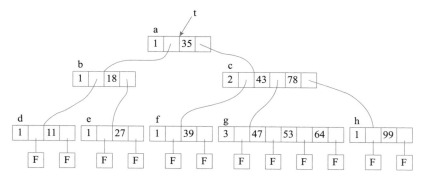

习题 4（简答题）：构建红黑树 7，5，9，3，4，8，10，11，12，13，14，15，并与习题 1 中同样数据生成的二叉搜索树进行对比。

习题 5（思考题）：在红黑树中插入节点时，为什么需要指定插入节点的颜色为红色，而不是黑色？

练习 1：熟练掌握二叉搜索树和二叉平衡树的概念和数据操作，编写代码进行测试。

练习 2：理解 B 树和红黑树的概念，感兴趣的读者可以自行将伪代码改写为可以运行的 Python 代码。

第10章

其他经典算法

本章将详细介绍一些应用类的算法，这些算法大多是基于之前介绍的算法，用于特殊场景的产物，这类算法也常常出现在面试或者算法相关的考试中，作为算法的应用与扩展。

📢 本章主要内容

- 常见的计算类算法，包括求素数和最大公约数
- 对不同算法进行效率分析，逐步优化算法的执行效率
- 常见的随机问题算法，包括随机因子的概念
- 简单的加密算法，包括 MD5 信息摘要算法、对称加密和非对称加密算法

扫一扫，看视频

💡 本章思维导图

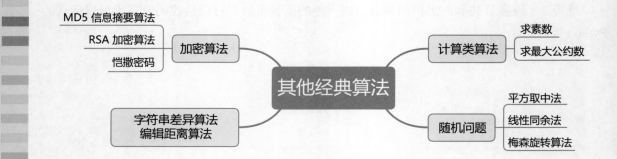

10.1 计算类算法

计算类算法经常出现在针对一些数字的计算或者数据的处理中，在合适的数据中完成对应的计算是数据处理和数学建模中常见的处理手段之一。

10.1.1 素数

素数又称为质数，是指大于1的自然数中，除了1和它自身以外，不能被任何数整除的自然数。素数在数学中有着很重要的地位，也是很多算法求解的基本手段。如果一个数比1大但不是素数，则称这个数为合数。

例如数字2，只能被1和2整除，所以数字2是一个素数。同理，数字3和数字5均是素数。数字4能被2整除，所以数字4是一个合数。

最简单的求解方式是通过两个for循环完成素数的求解，不断地计算目标数字是否可以被整除。如果计算到小于目标数字时仍然没有可以整除的数字，则证明目标数字不能被整除，放入素数数组中。实现代码如下所示。

```python
# Python 性能分析
import cProfile


def my_fun():
    # 需要执行的全部代码
    num_list = []
    for n in range(2, 100000):
        for m in range(2, n):
            if m >= n - 1:
                # 完成循环仍然没有被整除
                num_list.append(n)
            if n % m == 0:
                # 如果出现整除，则直接跳出
                break
    print(num_list)
    print(" 一共有 %d 个素数 ", len(num_list))


cProfile.run('my_fun()')
```

这种算法运行时花费的时间是非常长的，计算 2~100000（不包括 2 和 100000）的数字时，执行时间超过 1 分钟，如图 10-1 所示。如果运算的数字量再高一个数量级，花费的时间也会以数量级的方式递增。

```
[3, 5, 7, 11, 13, 17, 19, 23, 29, 31, 37, 41, 43, 47, 53, 59, 61, 67, 71, 73, 79, 83, 89, 97, 101,
一共有9591个素数
         9598 function calls in 60.501 seconds

   Ordered by: standard name

   ncalls  tottime  percall  cumtime  percall filename:lineno(function)
        1   60.492   60.492   60.501   60.501 9-1-1-1.py:5(my_fun)
        1    0.000    0.000   60.501   60.501 <string>:1(<module>)
        1    0.000    0.000   60.501   60.501 {built-in method builtins.exec}
        1    0.000    0.000    0.000    0.000 {built-in method builtins.len}
        2    0.002    0.001    0.002    0.001 {built-in method builtins.print}
     9591    0.007    0.000    0.007    0.000 {method 'append' of 'list' objects}
        1    0.000    0.000    0.000    0.000 {method 'disable' of '_lsprof.Profiler' objects}
```

图 10-1   求解 2~100000 的素数

可以针对上述代码进行优化，尽可能地减少除法的计算次数，可以从两个方面思考：减少除数或者减少被除数。

首先，尽可能地减少被除数，所有的质数都会出现在奇数中，偶数一定可以被 2 整除，所以可以从 3 开始对 range() 方法的步进进行调整，不再计算偶数作为被除数的情况。

 注意： 如果只是针对被除数进行简单的调整，并不会使算法的运行时间明显下降，因为对 Python 而言，会在除以 2 时排除所有偶数，仅仅减少了一次运算。

其次，可以从减少除数的思路出发，所有的除数应当小于被除数，实际上最小的除数是 2，也就是除数只需要计算 2 和 3~$n/2$ 的奇数即可，代码如下所示。

```python
def my_fun():
    # 需要执行的全部代码
    num_list = []
    for n in range(3, 100000, 2):
        is_prime = True
        if n % 2 == 0:
            # 如果出现整除，则直接跳出
            is_prime = False
        else:
            for m in range(3, int(n / 2), 2):
                if n % m == 0:
```

```
                    # 如果出现整除，则直接跳出
                    is_prime = False
                    break
        if is_prime:
            # 完成循环仍然没有整除
            num_list.append(n)
print(num_list)
print(" 一共有 %d 个素数 " % len(num_list))
```

此时可以将算法的运行时间缩短至 10 秒以内，如图 10-2 所示。

```
F:\anaconda\python. exe H:/book/python-book/python_book_2/src/10/9-1-1-2.py
[3, 5, 7, 11, 13, 17, 19, 23, 29, 31, 37, 41, 43, 47, 53, 59, 61, 67, 71, 73, 79,
一共有9591个素数
         9598 function calls in 8.093 seconds

   Ordered by: standard name

   ncalls  tottime  percall  cumtime  percall filename:lineno(function)
```

图 10-2　优化后的算法

还可以进一步减少除数。因数都是成对出现的，例如，16 的因数有 1、2、4、8、16，其中 1 和 16 配对，2 和 8 配对，4 和 4 配对，也就是说，只需要计算到 $\sqrt{16}$ 即可获得一组因数中较小的因数。在计算数字 n 的因数时，如果从 2 计算到 $\sqrt{n}$ 时没有得到可以整除的数字，意味着超过 $\sqrt{n}$ 的部分也不会有可以整除的数字。

在此基础上可以进行二次分析，所有成为数字 n 的因数的最小因数也应当是小于 $\sqrt{n}$ 的素数。例如 121，可以由素数 11*11 得到。又比如所有的偶数都可以被素数 2 整除，所以只需要确定数字 n 不能被 2~$\sqrt{n}$ 范围内的素数整除，这个数字 n 就是素数。代码如下所示。

```
def my_fun():
    # 需要执行的全部代码
    num_list = []
    for n in range(3, 100000, 2):
        is_prime = True
        target = n ** 0.5
        if n % 2 == 0:
            # 如果出现整除，则直接跳出
            is_prime = False
```

```
        else:
            for m in num_list:
                if m > target:
                    break
                if n % m == 0:
                    # 如果出现整除，则直接跳出
                    is_prime = False
                    break
        if is_prime:
            # 完成循环仍然没有整除
            num_list.append(n)
    print(num_list)
    print(" 一共有 %d 个素数 " % len(num_list))
```

此时求 2~100000 中的素数，可以在小于 1 秒的时间内完成计算，如图 10-3 所示。

```
F:\anaconda\python.exe H:/book/python-book/python_book_2/src/10/9-1-1-3.py
[3, 5, 7, 11, 13, 17, 19, 23, 29, 31, 37, 41, 43, 47, 53, 59, 61, 67, 71, 73, 79, 83, 89, 97, 101, 103, 107,
一共有9591个素数
        9598 function calls in 0.073 seconds

Ordered by: standard name

ncalls  tottime  percall  cumtime  percall filename:lineno(function)
    1    0.069    0.069    0.073    0.073 9-1-1-3.py:5(my_fun)
    1    0.000    0.000    0.073    0.073 <string>:1(<module>)
    1    0.000    0.000    0.073    0.073 {built-in method builtins.exec}
```

图 10-3　二次优化后的算法

10.1.2　最大公约数

扫一扫，看视频

　　最大公约数也称为最大公因数或者最大公因子，是指两个或者多个整数可以被目标数整除，而且该数字是两个或多个整数中最大的公共乘数因子。

　　如果数 a 能被数 b 整除，a 叫作 b 的倍数，b 叫作 a 的约数。针对数字 12、16，12 的约数有 1、2、3、4、6、12，16 的约数有 1、2、4、8、16。数字 12、16 的公约数是两者约数中公有的部分，也就是 1、2、4，其中最大的约数是 4，也就是说，数字 12、16 的最大公约数是 4。

　　最简单的求最大公约数的方法是，通过 Python 计算出两个目标数字的所有因数，将得到的因数列表降序排列，从第一位数字开始进行对比，如果该数字均是两个目标数字的因数，则认为该数字是公约数，放入公约数列表中，最终公约数列表中最大的数字就是最大公约数。因为因数列表是降序排列的，所以最大公约数应当是对比成功的第一个因数。实现代码如下所示。

```python
# 获取所有因数
def get_factor(num):
    f_list = []
    for m in range(1, int(num ** 0.5) + 1):
        if num % m == 0:
            f_list.append(m)
            f_list.append(int(num / m))
    # 返回降序列表
    f_list.sort(reverse=True)
    return f_list


def my_fun():
    # 需要执行的全部代码
    num1 = int(input("输入数字1："))
    num2 = int(input("输入数字2："))
    # 返回所有因数
    f1 = get_factor(num1)
    f2 = get_factor(num2)
    print(f1, f2)
    common_f = []
    for i in f1:
        if i < f2[-1]:
            break
        if f2.count(i) > 0:
            common_f.append(i)
    print("全部公约数：", common_f)
    print("最大公约数是：", common_f[0])


cProfile.run('my_fun()')
```

运行结果如图10-4所示。

```
F:\anaconda\python.exe H:/book/python-book/python_book_2/src/10/10-1-2-1.py
输入数字1: 100
输入数字2: 150
[100, 50, 25, 20, 10, 10, 5, 4, 2, 1] [150, 75, 50, 30, 25, 15, 10, 6, 5, 3, 2, 1]
全部公约数: [50, 25, 10, 10, 5, 2, 1]
最大公约数是: 50
          58 function calls in 5.076 seconds

   Ordered by: standard name
```

图 10-4   求最大公约数的结果

这显然不是一个很好的算法，虽然尽可能地减少了求因数的过程，但是实际上非常简单而直接。在这个算法的基础上可以进一步优化，所有的因数只需要计算到两个数字中较小的那个数字的根号即可，这种优化思路是基于上述算法的。

在数学中求最大公约数还有很多种算法，例如辗转相除法。辗转相除法一般也叫作欧几里得算法，这种算法是古希腊数学家欧几里得在 *The Elements* 中描述的算法，也是算法历史中完美的算法之一。

辗转相除法用于求两个非负整数的最大公约数。计算非常简单，只需要用除数和余数反复做除法运算，当余数为 0 时，当前算式的除数就是两个数的最大公约数。在数学中得到了两个非负整数的最大公约数定理：两个整数的最大公约数等于其中较小的那个数和两数相除的余数之间的最大公约数。

例如，数字 16 和 14，求最大公约数的计算过程如下所示。

16/14=1（余 2）

14/2=7（余 0）

当最终的余数为 0 时，最大公约数是 2。

辗转相除法的优点在于极大可能地减少了求数字的因数的过程，同时非常适合在计算机中实现。不仅如此，这种算法在定理中虽然规定了数字的大小，但是在实际的计算机处理过程中因为是循环或者是迭代的，所以在小数除以大数的情况下，通过一次计算就可以翻转两个数字相除的关系。

在计算机中可以使用迭代或者循环的方式编写用辗转相除法求最大公约数的代码，如下所示。

```python
# Python 性能分析
import cProfile


# 获取所有因数
def get_factor(n1, n2):
    t = n1 % n2
```

```
    while t is not 0:
        n1 = n2
        n2 = t
        t = n1 % n2
    return n2


# 获取所有因数
def get_factor2(n1, n2):
    if n2 == 0:
        return n1
    return get_factor(n2, n1 % n2)


def my_fun():
    # 需要执行的全部代码
    num1 = int(input("输入数字 1 :"))
    num2 = int(input("输入数字 2 :"))
    # 返回所有因数
    f = get_factor2(num1, num2)
    print("最大公约数是:", f)


cProfile.run('my_fun()')
```

运行结果如图 10-5 所示。

```
F:\anaconda\python.exe H:/book/python-book/python_book_2/src/10/10-1-2-2.py
输入数字1：100
输入数字2：150
最大公约数是： 50
         15 function calls in 4.502 seconds

   Ordered by: standard name
```

图 10-5 辗转相除法求最大公约数的结果

可以简单地进行辗转相除法的证明。对于求两个正整数 a、b 的最大公约数，首先假设数字 d 是 a 的约数，也是 b 的约数（数字 d 一定是存在的，即使是两个质数，公约数也是 1），得到余数 r = a-bk（k 是整数）。在这个算式中，a 是 d 的倍数，bk 是 d 的倍数，那么 r 也一定是 d 的倍数。

所以，数字 a 和数字 b 的公约数，与数字 b 和数字 r 的公约数相同，都是 d。可以一步步地将数字 d 增大，最终得到最大公约数。

> **注意：** 在求最大公约数的算法中，除了利用因数分解法和辗转相除法以外，还有尼考曼彻斯法（辗转相减法）等很多算法和思想。其中很多算法和思想可以直接用于求多个数字的最小公倍数，读者感兴趣的话可以自行实现。

10.2 随机问题

在计算机中实现随机数的选取是一件看起来简单，但实际上非常复杂的事情，这是因为计算机中的随机算法并不是完全"随机"的。本节介绍一些常用的随机算法和随机数的生成。

10.2.1 Python 中的随机问题

扫一扫，看视频

在 Python 中想要获得一个随机数，大多会选择 random 模块，代码如下所示，可以得到 1 到 100 之间的随机整数。

```python
import random
import time
while 1:
    print(random.randint(1, 100))
    time.sleep(1)
```

上述代码每一秒会输出一个随机整数，并且将该数字打印在输出列表中，如图 10-6 所示，列出了一些随机出现的数字。

```
F:\anaconda\python.exe H:/book/python-book/python_book_2/src/10/10-2-1.py
32
22
38
90
67
13
35
27
70
36
```

图 10-6　随机数的生成结果

上述数字看起来没有任何规律,是完全随机的。但是所有的这些数字是通过"产生随机数"的算法生成的,也就是这些数字符合一些规则,即使这些规则是不可逆的,仍然不完全符合"随机"的概念。

这类随机数被称为伪随机数,是通过 CPU 或者软件的代码获得随机数因子,基于现代物理学计算机生成的随机数。例如,在曾经的英特尔芯片中,使用电压控制的频率振荡器作为随机数的生成因子,通过另一个高频振荡器接收数据来得到随机数。这种采用硬件获得随机数的算法最大的问题在于,相同时间内高频率地请求随机数,很可能得到类似或者相近的值,这显然是不符合真实的随机数生成规律的。

真实的随机数是量子物理学中的概念,需要独立于计算机生成,显然现在的技术是无法达到的,所以在计算机的随机算法设计中需要尽可能地考虑更多的随机数因子(不确定因素被称为随机算法中的种子)。如果用当前时间作为唯一的种子,就会出现之前介绍的同一时间生成的多个随机数一致的情况,所以需要考虑多种因素,例如当前计算机的网络状态,或者考虑操作的数目和鼠标点击的频率等。

只有提供更多的参考指标,才能使随机数的生成更加稳定,更加趋于真实的随机数生成规律。

10.2.2 平方取中法

平方取中法(midsquare method)常常用于哈希函数的构造方法中。这种关键字的选取方法一般都会先对关键字进行求平方计算,然后选取中间的位数作为获取的随机数。

平方取中法又称为冯·诺依曼取中法,是产生均匀分布随机数的方法之一,最早是由冯·诺依曼(John von Neumann,1903—1957)提出的一种产生均匀的伪随机数的方法。

平方取中法的具体步骤是如下:

(1)取得一个数字种子(seed),假设该数字是一个 2s 位的整数。

(2)将种子取平方,得到一个 4s 位的整数。如果不足 4s 位,则高位补 0。

(3)取得计算结果的中间 2s 位,作为下一次的种子。

(4)将此 2s 位进行规范化(化为大于 0 小于 1 的小数),认为这个数字是产生的第一个随机数。

(5)继续进行随机数的计算,直到获取指定规模的一系列随机数。

具体的实现代码如下所示,这里将时间戳作为种子。

```python
# Python 性能分析
import cProfile
import time


# 获取随机数的种子
def get_random(seed):
    print(" 当前种子是: ",seed)
    l = int(len(seed) / 2)
    r_seed = str(int(seed) ** 2)
    # 补位
    if len(r_seed) < 4 * l:
        r_seed = '0' * ((4 * l) - len(r_seed)) + r_seed
    r_seed = r_seed[l:3 * l]
    print(" 新的种子是: ",r_seed)
    print("_____")
    return r_seed


def my_fun():
    # 需要执行的全部代码
    seed = str(int(time.time()))
    # seed = str(6500)
    count = 3
    r_list = []
    for i in range(0, count):
        # 通过字符串返回数字，防止丢失位数
        seed = get_random(seed)
        # 规范化
        r_list.append(float('0.' + seed))
    print(r_list)


cProfile.run('my_fun()')
```

上述代码的运行结果如图 10-7 所示，一共生成了 3 个随机数。

```
F:\anaconda\python.exe H:/book/python-book/python_book_2/src/10/10-2-2.py
当前种子是： 1615964633
新的种子是： 3416951068
————————————
当前种子是： 3416951068
新的种子是： 5546011063
————————————
当前种子是： 5546011063
新的种子是： 2387109183
————————————
[0.3416951068, 0.5546011063, 0.2387109183]
        28 function calls in 0.000 seconds
```

图 10-7　生成 3 个随机数

平方取中法非常简单，但是存在一定的不确定性，算法的成功率与种子和选择的常数的关系非常大，很可能出现多次计算的结果一致的情况。

例如，指定种子为 6 500，之后所有的获得新种子的结果都是 2 500，也就是说所有的随机数都是 0.25，运行结果如图 10-8 所示。如果多次出现随机数一致的情况，就称为进入退化阶段。

```
F:\anaconda\python.exe H:/book/python-book/python_book_2/src/10/10-2-2.py
当前种子是： 6500
新的种子是： 2500
————————————
当前种子是： 2500
新的种子是： 2500
————————————
当前种子是： 2500
新的种子是： 2500
————————————
[0.25, 0.25, 0.25]
        28 function calls in 0.000 seconds
```

图 10-8　生成随机数进入退化阶段

10.2.3　线性同余法

线性同余法是获取 [0，1] 区间均匀分布的随机数的方法之一，是由美国的莱默尔于 1951 年提出的算法。

这种算法是递归思想的一种应用，通过如下递归公式实现，其中 A、B、M 均是产生器设定的常数。

$$N_{j+1} \equiv (A \times N_j + B)(\bmod M)$$

扫一扫，看视频

　　线性同余法只能支持最大周期为 M 的随机数生成，为了使线性同余法能够达到 M 次的最大周期，需要符合下列条件。

（1）常数 B、M 互质。

（2）M 的质因数都能除以 $A-1$。

（3）A、B、第一个生成的 N 均小于 M。

（4）A、B 是正整数。

　　常见的算法中都会给 M 设定一个非常大的数字，这是因为如果 M 无限接近于 1，获得的余数将非常小，直接导致了选取随机数的范围的下降。例如，当 M 设为 2 时，直接导致取得的两个随机数是一样的，如图 10-9 所示。

```
当前种子是：1615967325
新的种子是：1
————————————
当前种子是：1
新的种子是：1
```

图 10-9　M 设为 2 时生成的随机数

　　当 M 设得足够大时，新的种子会因为余数变大而变得非常大，根据此特性最终能选取随机数的范围也扩大了不少。扩增 M 为 2 的 16 次方时，生成的随机数如图 10-10 所示。

```
当前种子是：62912
新的种子是：36672
————————————
当前种子是：36672
新的种子是：10176
————————————
当前种子是：10176
新的种子是：46400
————————————
[0.51648, 0.4384, 0.23488, 0.6176, 0.24, 0.1856, 0.20416, 0.27968, 0.45504, 0.41792, 0.96, 0.1056,
```

图 10-10　扩增 M 时生成的随机数

　　在测试中可以简单地手动设置 $A=11$，$B=2$，$M=5$，第一个用于产生随机数的 N_0 为当前时间戳的整数。实现代码如下所示。

```python
# Python 性能分析
import cProfile
import time


A = 11
```

```
B = 2

# 获取随机数的种子
def get_random(nt, m):
    print(" 当前种子是: ", nt)
    nt = (A * nt + B) % m
    print(" 新的种子是: ", nt)
    print("_____")
    return nt



def my_fun():
    # 需要执行的全部代码
    nt = int(time.time())
    m = 5
    r_list = []
    for i in range(0, m):
        # 通过字符串返回数字, 防止丢失位数
        nt = get_random(nt,m)
        # 规范化
        r_list.append(float('0.' + str(nt)))
    print(r_list)


cProfile.run('my_fun()')
```

上述代码的运行结果如图 10-11 所示。

```
_____
当前种子是: 4
新的种子是: 1

_____
当前种子是: 1
新的种子是: 3

_____
[0.0, 0.2, 0.4, 0.1, 0.3]
         31 function calls in 0.001 seconds

   Ordered by: standard name

   ncalls  tottime  percall  cumtime  percall filename:lineno(function)
```

图 10-11　测试随机数的生成结果

线性同余法被应用在多种编程语言的随机数选取中，例如在 Java 语言的 Random 类中使用的是 48 位的种子，之后使用线性同余法求得随机数。

相对于平方取中法，同余序列总是进入一个循环，获得的随机数最终在 N 个数之间无休止地重复循环。为了使获取随机数的范围足够大，线性同余法的参数选择更加谨慎，否则在非常短的周期内就会出现重复循环。例如，当 $A = 11$，$B = 0$，$M = 8$，$N_0 = 1$ 时，取得的随机数出现重复循环，如图 10–12 所示。

```
当前种子是：    3
新的种子是：    1
─────────────────────
当前种子是：    1
新的种子是：    3
─────────────────────
当前种子是：    3
新的种子是：    1
─────────────────────
[0.3, 0.1, 0.3, 0.1, 0.3, 0.1, 0.3, 0.1]
         45 function calls in 0.001 seconds
```

图 10–12　随机数出现重复循环

10.2.4　梅森旋转算法

扫一扫，看视频

　　梅森旋转算法是由松本真和西村拓士在 1997 年提出的伪随机数生成算法，这种算法基于有限二进制字段上的矩阵线性递归，可以快速地产生高质量的伪随机数，解决了很多古典随机数算法中的缺陷。

梅森旋转算法被用于 R、Python、Ruby 等语言的多重精度运算库和 GSL 的默认伪随机数产生器，具有周期长、均等分布等特性，也是当前随机数生成器中性能和消耗非常优秀的一种随机数算法。

梅森旋转算法具有多种变体，最常用的一个变体是 MT19937，这种变体采用的循环范围为 $2^{19937}-1$，这个数字称为梅森素数（形同 2^p-1，目前仅发现了 51 个梅森素数，最大的是 $M_{82589933}$（$2^{82589933}-1$））。

MT19937 算法就是对一个 19937 位的二进制序列进行变换，以此生成随机数。梅森算法中最重要的内容就是对旋转链的旋转过程和对旋转后的数据的处理。这里提供模拟生成的测试代码，使用数组代替寄存器。实现一个 32 位的梅森算法 MT19937 的代码如下所示。

```python
# 32 位梅森算法 MT19937
class MT19937:
```

```python
    def _init_(self, seed):
        # 初始化矩阵（624*32-31=19937）
        self.index = 0
        self.mt = [0] * 624
        # 设定第一位为种子
        self.mt[0] = seed
        for i in range(1, 624):
            self.mt[i] = self.get_int32(1812433253 * (self.mt[i - 1] ^ self.mt[i -
1] >> 30) + i)


    # 位运算取 32 位数字
    @staticmethod
    def get_int32(x):
        # 返回十六进制数字，32 位数字为 1111 1111 1111 1111 1111 1111 1111 1111
        # 参数和上述数字按位作与运算，并转为整数
        return int(0xFFFFFFFF & x)


    # 对旋转算法中生成的结果进行处理（使用 MT19937-32 定义的常数）
    def get_random(self):
        self.twist()
        y = self.mt[self.index]
        y = y ^ y >> 11
        y = y ^ y << 7 & 0x9D2C5680
        y = y ^ y << 15 & 0xEFC60000
        y = y ^ y >> 18
        self.index = (self.index + 1) % 624
        return self.get_int32(y)


    # 旋转算法
    def twist(self):
        for i in range(0, 624):
            # 0x80000000 是 2^31；0x7fffffff 是 2^31-1
            y = self.get_int32((self.mt[i] & 0x80000000) + (self.mt[(i + 1) % 624] & 0x7fffffff))
            self.mt[i] = self.mt[(i + 397) % 624] ^ (y >> 1)
            if y & 1:
                self.mt[i] = self.mt[i] ^ 2567483615
```

使用编写好的 MT19937 类可以进行生成随机数的测试，需要指定一个初始化种子，代码如下所示。

```python
if _name_ == '_main_':
    # 测试
    mt = MT19937(seed=int(time.time()))
    for i in range(0, 10):
        print(mt.get_random())
```

运行结果如图 10-13 所示，生成了 10 个随机数。

```
F:\anaconda\python.exe H:/book/python-book/python_book_2/src/10/10-2-4.py
1732004960
348180281
55431482
3722618182
1960522340
3039918944
2879994313
313537055
4005504658
2209164873

Process finished with exit code 0
```

图 10-13　生成 10 个随机数

10.3 其他算法和思想

本节涉及大量的实际使用算法过程中的算法思想、原理和具体的实现过程的介绍，包括常用的加密算法等内容。

10.3.1 编辑距离算法

扫一扫，看视频

　　编辑距离（Levenshtein distance）算法是由俄罗斯数学家 Vladimir Levenshtein 在 1965 年提出的，用于对比两个字符串的差异，具体是利用字符操作，把字符串 A 转换为字符串 B 的最少操作数。

这种算法的一个经典应用场景是前端的 Diff 算法。Diff 算法是用于对比树状结构的变动而产生的算法，常常用于内容更新对比和 HTML Dom 节点更新等应用场景中，尤其最近几年 Vue.js 和 React.js 前端技术的火热，更使得 Diff 算法成为前端算法考核中的主要内容。

广义的 Diff 算法并不是前端技术专用的，而是为了处理两个字符串或者列表中数据的不同而提出的。正是因为 Diff 算法在前端的应用，才为前端提供了非常快的 HTML 更新速度，Diff 算法才被众人熟知。

Diff 算法的实现方法非常多，最简单的循环迭代也可以实现 Diff 算法。但 Diff 算法一般是动态规划思想的应用，动态地进行两个字符串内容的对比，尽可能地找到最小编辑距离。例如，本节将介绍的经典的编辑距离算法，该算法可以对字符进行以下操作。

（1）删除一个字符。

（2）插入一个字符。

（3）修改一个字符。

简单来说，最小编辑距离算法可以进行以下字符串的对比。

```
Text1= This is a small cat
Text2=This is a cat
```

通过循环迭代的模式，逐步进行上述两个字符串内容的对比和查找，最终判定出 "small" 这个单词是由 Text1 删除 Text2 后得到的。

上述字符串的对比可以简化为：

```
Text1=small
Text2=''    # 视为空串
```

假设 Text2 是第一个字符串，则 Text2 通过插入一个单词 "small" 可以变换为 Text1，对计算机来说这个算法很容易执行。但是如果需要对比以下两个字符串，假设 Text2 是由 Text1 修改形成的：

```
Text1= This is a small cat
Text2= That is a lovely cat
```

计算机将通过循环迭代的方式判定字符串的不同。假设以单词作为单位，从第一个单词开始就出现了变动，中间又出现了第二个单词的变动。对计算机而言，获取字符串的最长子串是一种花费时间的操作。

这时就出现了对比操作的优化算法。针对对比的字符串，去掉相同的部分，可以简单地认为在对比以下四个字符串的不同。

```
Text1= This| Text1= small
Text2= That| Text1= lovely
```

最小编辑距离算法进行的就是上述差异字符串的两两对比，当然最简单的是通过字母的差异进行对比。针对上述的四个字符串，对比如下所示。

Thisat lovesmally 的差异为字母 "is"、"smal"（第 5 位的 1 是相同的）和 "y"，也就是说，最小编辑距离为 7。

最小编辑距离算法需要一个矩阵来辅助实现，本书中并没有介绍 NumPy 等科学计算库，所以这里使用一个二维列表建立矩阵。具体的实现代码如下所示。

```python
class Levenshtein:
    def _init_(self, str1, str2):
        self.str1 = str1
        self.str2 = str2
        # 获取长度
        self.len1 = len(str1)
        self.len2 = len(str2)
        # 建立一个矩阵（这里使用二维数组）
        self.tl = []
        self.init_list()

    # 初始化矩阵
    def init_list(self):
        for h in range(0, self.len1 + 1):
            t = []
            for w in range(0, self.len2 + 1):
                t.append(0)
            self.tl.append(t)
        # 填充矩阵的第一行和第一列
        for i in range(0, self.len1):
            self.tl[i][0] = i
        for i in range(0, self.len2):
            self.tl[0][i] = i

    def get_distance(self):
        # 计算字符是否一样
        for i in range(0, self.len1):
            for j in range(0, self.len2):
                if self.str1[i] == self.str2[j]:
                    # 不改变距离
                    temp = 0
```

```
            else:
                # 不相等时更新距离
                temp = 1
                self.tl[i + 1][j + 1] = min(self.tl[i][j] + temp, self.tl[i + 1][j] + 1,
self.tl[i][j + 1] + 1)


    # 打印结果
    def print_out(self):
        for i in self.tl:
            print(i)
        print(" 对比 %s,%s:" % (self.str1, self.str2))
        print(" 差异编辑距离: ", self.tl[self.len1][self.len2])
        sim = 1 - self.tl[self.len1][self.len2] / max(self.len1, self.len2)
        print(" 相似度: ", sim)


if _name_ == '_main_':
    l = Levenshtein("This", "That")
    l.get_distance()
    l.print_out()
```

上述代码实现了在矩阵中根据字符串中字符的不同来计算最小编辑距离,例如对比 "That" 和 "This" 两个字符串,运行结果如图 10-14 所示。

```
F:\anaconda\python. exe H:/book/python-book/python_book_2/src/10/10-3-1. py
[0, 1, 2, 3, 0]
[1, 0, 1, 2, 1]
[2, 1, 0, 1, 2]
[3, 2, 1, 1, 2]
[0, 1, 2, 2, 2]
对比This, That:
差异编辑距离: 2
相似度: 0.5

Process finished with exit code 0
```

图 10-14 对比字符串的结果 1

在打印出的矩阵中,最后的一个元素就是两个字符串的最小编辑距离。这个矩阵是通过字符串长度创建的,比字符串的长度增加了一位,不断地对比各个字符之间的距离,获得最优解(最小距离)。

　　矩阵的首行和首列意味着对应字符串的位置，除首行和首列之外的每一位，意味着当前行数字符串和列数字符串对比的最小编辑距离。如图 10-15 所示，第 2 行第 2 列的数字是 0，这意味着第一个字符串的第一位"T"和第二个字符串的第一位"T"的最小编辑距离为 0，也就是这两个字符串的第一位一致，不需要更改。

```
F:\anaconda\python.exe H:/book/python-book/python_book_2/src/10/10-3-1.py
[0, 1, 2, 3, 0]
[1, 0, 1, 2, 1]
[2, 1, 0, 1, 2]
[3, 2, 1, 1, 2]
[0, 1, 2, 2, 2]
```
编辑距离

图 10-15　编辑距离

　　第 2 行第 3 列的数字是 1，这意味着第一个字符串中的"T"改变成第二个字符串中的"Th"的最小编辑距离（增加一个字符"h"，编辑距离为 1）。依此类推，选择最小的数值作为整体字符串的最小编辑距离。

　　针对以下字符串，使用代码进行测试，得到的矩阵和最终结果如图 10-16 所示。

```
Text1= This is a small cat
Text2= That is a lovely cat
```

```
[0, 1, 2, 3, 4, 5, 6, 7, 8, 9, 10, 11, 12, 13, 14, 15, 16, 17, 18, 19, 0]
[1, 0, 1, 2, 3, 4, 5, 6, 7, 8, 9, 10, 11, 12, 13, 14, 15, 16, 17, 18, 1]
[2, 1, 0, 1, 2, 3, 4, 5, 6, 7, 8, 9, 10, 11, 12, 13, 14, 15, 16, 17, 2]
[3, 2, 1, 1, 2, 3, 3, 4, 5, 6, 7, 8, 9, 10, 11, 12, 13, 14, 15, 16, 3]
[4, 3, 2, 2, 2, 3, 4, 3, 4, 5, 6, 7, 8, 9, 10, 11, 12, 13, 14, 15, 4]
[5, 4, 3, 3, 3, 2, 3, 4, 4, 5, 6, 7, 8, 9, 10, 11, 12, 13, 14, 5]
[6, 5, 4, 4, 4, 3, 2, 3, 4, 4, 5, 6, 7, 8, 9, 10, 11, 12, 13, 14, 6]
[7, 6, 5, 5, 5, 4, 3, 2, 3, 4, 5, 6, 7, 8, 9, 10, 11, 12, 13, 14, 7]
[8, 7, 6, 6, 6, 5, 4, 3, 2, 3, 4, 5, 6, 7, 8, 9, 10, 11, 12, 13, 8]
[9, 8, 7, 6, 7, 6, 5, 4, 3, 2, 3, 4, 5, 6, 7, 8, 9, 10, 11, 12, 9]
[10, 9, 8, 7, 7, 7, 6, 5, 4, 3, 2, 3, 4, 5, 6, 7, 8, 9, 10, 11, 10]
[11, 10, 9, 8, 8, 8, 7, 6, 5, 4, 3, 3, 4, 5, 6, 7, 8, 9, 10, 11, 11]
[12, 11, 10, 9, 9, 9, 8, 7, 6, 5, 4, 4, 4, 5, 6, 7, 8, 9, 10, 11, 12]
[13, 12, 11, 10, 10, 10, 9, 8, 7, 6, 5, 5, 5, 5, 6, 7, 8, 9, 10, 10, 11]
[14, 13, 12, 11, 11, 11, 10, 9, 8, 7, 6, 5, 6, 6, 6, 6, 7, 8, 9, 10, 11]
[15, 14, 13, 12, 12, 12, 11, 10, 9, 8, 7, 6, 6, 7, 7, 6, 7, 8, 9, 10, 11]
[16, 15, 14, 13, 13, 12, 12, 11, 10, 9, 8, 7, 7, 7, 8, 7, 7, 7, 8, 9, 10]
[17, 16, 15, 14, 14, 13, 13, 12, 11, 10, 9, 8, 8, 8, 8, 8, 8, 8, 7, 8, 9]
[18, 17, 16, 15, 15, 14, 14, 13, 12, 11, 10, 9, 9, 9, 9, 9, 9, 9, 8, 7, 8]
[0, 1, 2, 3, 4, 5, 6, 7, 8, 9, 10, 10, 10, 10, 10, 10, 10, 10, 9, 8, 7]
对比This is a small cat,That is a lovely cat:
差异编辑距离: 7
相似度: 0.65
```

图 10-16　对比字符串的结果 2

在建立空的矩阵时，不可以使用以下语句。这是因为使用以下语句会导致二维空矩阵中某一个元素存放的是相同值的引用，在更改某一个值时会导致数组中的所有值出现变化。

```python
len1 = 5
len2 = 4
# 建立一个矩阵（这里使用二维数组）
tl = [[0] * (len2 + 1)] * (len1 + 1)
tl[0][1] = 1
print(tl)

# 建立一个一维矩阵
tl1 = [0] * len1
tl1[1] = 2
print(tl1)
```

这是对象内部的引用问题导致的，字典也会出现这样的情况，但是如果内部为简单数据类型（整型、字符等数据类型），则不会出现这种问题。

上述语句的运行结果如图 10-17 所示。可以看到如果对二维列表中索引为 1 的元素进行更改，导致所有的同位数字发生了变化，这是因为在列表中所有的元素都指向了同一个引用，如果这个列表是一维的，虽然数字相同时也指向同一空间，但是当用户赋值时 Python 会自动地处理为不同的引用。

```
F:\anaconda\python.exe H:/book/python-book/python_book_2/src/10/10-3-1-1.py
[[0, 1, 0, 0, 0], [0, 1, 0, 0, 0], [0, 1, 0, 0, 0], [0, 1, 0, 0, 0], [0, 1, 0, 0, 0], [0, 1, 0, 0, 0]]
[0, 2, 0, 0, 0]

Process finished with exit code 0
```

图 10-17 列表内对象的引用问题

最小编辑距离算法是一种获取最优解的算法，但是其效率并不高，因此在 Vue.js 与 React.js 中并没有选择这种算法作为 Diff 算法，而是采用基于 Dom 树的改良版本。改良版本的算法通过设置 key 键值记录节点键值的变化，使用变量记录节点移动、新老节点的位置，通过唯一的 key 键值确定新老节点的对应关系，最终实现节点的更替。

 注意： 在实际的 Dom 操作时，HTML 可以看作是树状结构，虽然可以达到最小编辑距离，但是频繁地计算和改变节点的位置并不是一种很好的选择。

为了使得前端应用的体验更好，一般都会选择对 Dom 进行一些处理，甚至针对层级之间节点的对比，采用了父节点不存在则直接删除这样的策略（无论子节点是否被移动到其他地方使用）。

10.3.2 算法加密和解密——恺撒密码

扫一扫，看视频

在加密算法中分为可逆算法和不可逆算法，其中可逆算法是指可以根据加密后的密码串通过一定的逻辑转换为原本的数据，经常用于数据传输中的加密。例如恺撒密码，是传输时恺撒与将军们进行通信所使用的密文。代码如下所示。

```python
import string

class CaesarCipher:
    # 获取所有字母（以此作为序列），增加一个英文空格，也可以使用 string.whitespace
    pl = " " + string.ascii_letters

    # 偏移量
    def _init_(self, offset):
        self.offset = offset

    # 加密
    def encryption(self, s):
        rs = ''
        for i in s:
            target = self.pl.find(i) + self.offset
            rs = rs + self.pl[target]
        return rs

    # 解密
    def decrypt(self, s):
        rs = ''
        for i in s:
            target = self.pl.find(i) - self.offset
            rs = rs + self.pl[target]
        return rs
```

在上述代码中使用 ASCII 码生成了一个字符串，对其进行加密，因为在加密文字中包含空格，所以在字符串中增加一个英文空格，通过偏移位进行字母的转换，简单来说就是偏移位为 1 时，字母 A 成为字母 B，以此类推。

上述代码运行时选择偏移位为 3，如下所示，运行结果如图 10-18 所示。

```python
if _name_ == '_main_':
    c = CaesarCipher(3)
    t = c.encryption("This is a text")
    print(" 加密后结果: ", t)
    t = c.decrypt(t)
    print(" 解密后结果: ", t)
```

```
F:\anaconda\python.exe H:/book/python-book/python_book_2/src/10/10-3-2.py
加密后结果: WklvlvclvcdcwhAw
解密后结果: This is a text

Process finished with exit code 0
```

图 10-18　加密和解密字符串的结果

恺撒密码是一种简单的古典加密算法，可以非常简单地使用计算机破解。当然可以通过加盐、调整加密串等方式实现更加复杂的加密方式。

在计算机出现以前的加密传输的历史上，最著名的加密机器是德国在第二次世界大战时期为军方和同盟设计的恩尼格玛机（Enigma），这种机械型的加密机器通过多个转子和电子线路进行加密，能够实现按动同一个字母每次亮起的密文是不同的字母。

这种加密和恺撒密码的不同在于，恺撒密文字符对应的初始字符是一致的，也可以通过猜测破译密码，但是恩尼格玛机可以实现相同字符加密后得到的密文是不同字符，或者不同字符加密后是相同的密文。在解码时，需要加密者将多个转子的组合和起始位置告知接收者，接收者配置好和发送者一样的恩尼格玛机后，才可以对加密后的电文进行解密。

10.3.3　MD5 信息摘要算法

MD5 信息摘要算法（MD5 message-digest algorithm）由美国密码学家罗纳德·李维斯特（Ronald L. Rivest）设计，是一种广泛使用的密码散列函数，通过这个散列函数可以生成一个唯一的 16 字节散列值，确保信息传输的完整性。

扫一扫，看视频

2004 年已经证实 MD5 算法无法防止碰撞，可以根据现有 MD5 值快速地伪造出一个具有相同 MD5 值但是内容不同的串，因此不适用于安全性认证，如用于 SSL 公开密钥认证或数字签名等。但是 MD5 算法在很多系统中仍然被作为加密算法使用，例如在众多系统的登录密码的保存和验证中。在保存用户密码这种具体的使用环境下，用户密码认为是未知的，所以 MD5 值同样认为是未知的。

MD5 算法实现的是一种不可逆的算法，这种算法经常用于信息摘要的计算中。例如，通过文件内容生成唯一的串，用户下载此文件后，可以通过对比 MD5 的值，确定是否在下载的过程中出现了错误或者下载错了文件。

MD5 算法的不可逆性在于，无论加密的是多长的字符串，最终生成的结果都是长度相同的字符串。在 Python 中可以使用 hashlib 库来完成一个字符串的 MD5 值的获取，代码如下所示。

```python
import hashlib

md5_text1 = hashlib.md5("你好".encode(encoding='UTF-8')).hexdigest()
md5_text2 = hashlib.md5("你好你好你好你好你好你好".encode(encoding='UTF-8')).hexdigest()
print(md5_text1)
print(md5_text2)
```

运行结果如图 10-19 所示。

```
F:\anaconda\python.exe H:/book/python-book/python_book_2/src/10/10-3-3.py
7eca689f0d3389d9dea66ae112e5cfd7
d72dc530af9482f76b3f96b590e899b3

Process finished with exit code 0
```

图 10-19　MD5 算法的加密结果

MD5 算法主要是通过 512 位分组来处理数据信息。每个分组又被分为 16 个 32 位子分组，最终输出由 4 个 32 位分组组成，并将这 4 个 32 位分组连接成一个 128 位的散列值。

10.3.4　RSA 加密算法

扫一扫，看视频

RSA 体系是 1977 年由罗纳德·李维斯特（Ronald L. Rivest）、阿迪·萨莫尔（Adi Shamir）和伦纳德·阿德曼（Leonard Adleman）在麻省理工学院一起提出的一种密钥生成体系。RSA 加密算法是实现这种体系的一种算法。

RSA 算法允许用户选择不同长度的公钥大小，其中认为 512 位的公钥是不安全的，但是 768 位的密钥已经做到了相对安全，而超过 1 024 位的密钥几乎是完全安全的。现在大部分 HTTPS 使用 RSA 算法生成的公钥都选择高于 1 024 位，如 2 048 位密钥，如图 10-20 所示。

图 10-20　RSA 算法生成的 2 048 位公钥

RSA 算法是最优秀的公钥方案之一，在浏览器和传输安全中都广泛应用。RSA 加密算法最常见的应用是一个用于数据传输的协议算法，原理是采用两个大素数相乘得到的结果公开作为加密密钥，但是对这个密钥进行因式分解非常困难。

RSA 算法生成了两个密钥，分别作为公钥和私钥。公钥一般是公开在网络中（或者需要发送数据的用户），所有的用户都可以通过这个公开的密钥进行加密，并将这个数据发送至接收端。接收端接收到数据后，会对数据进行解密，这个解密过程只能通过私钥进行，解密完成后会显示发送的明文数据。RSA 加密与解密过程如图 10-21 所示。

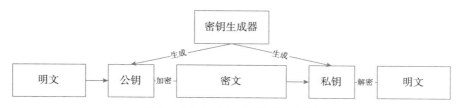

图 10-21　RSA 加密与解密过程

RSA 算法中最重要的过程是公钥和私钥的生成。RSA 算法中密钥的生成首先需要两个大质数 p 和 q，这里为了方便展示，选择简单的质数 3 和 11 进行说明，具体步骤如下所示。

（1）根据 p 和 q 计算数字 n，$n = p \times q$，得到 $n = 33$。

（2）计算 $r = (p-1) \times (q-1)$，可以得到 $r = 20$。这一步计算的意义在于，因为 p 是一个质数，所以 $(p-1)$ 是与 p 互质的数字的数目（欧拉函数），q 同理。

（3）取得一个值 e，e 的取值必须大于 1 且小于 r，且与 r 互质，也就是说，e 和 r 的最大公约数为 1。这里取 e 为 7（在正式环境中常常会取 $e = 65\ 537$）。

（4）求取一个模反元素 d，这个 d 需要符合 $d \times e \equiv 1 \bmod r$，也就是 $d \times e \bmod r = 1$，这里可以知道当 d 取得 3 时，计算结果为 21–20 = 1。

（5）获得 d 后，需要将 p 和 q 进行消除，此时获得公钥（e,n）（7,33）和私钥（d,n）（3,33）。

可以根据公钥进行数据的加密，加密过程非常简单，使用公式：密文 = 明文 ^{e}mod n 即可，解密使用相同的公式：明文 = 密文 ^{e}mod n。

> **注意**：在 RSA 算法中，私钥和公钥实际上是相互匹配并可以相互替换的，通过私钥进行加密的数据可以使用公钥来解密，而公钥和私钥的具体划分，其实是公开或者保密的那一份密钥。一般情况下，很多都会选择 e=65 537 这样统一标准的数字，或者为了性能，生成较短位数的公钥进行加密，而私钥的位数较多。

如果要对字符进行加密，首先需要将字符转换为数字，当然字符串在内存中本身就是以二进制方式保存的。如果这个字符串转换的数字超过了可以加密的范围，需要用分段的方式进行分包操作。

下列代码中直接通过一个数字的形式模拟获取公钥和私钥的过程，同时模拟使用公钥进行加密和使用私钥进行解密的过程。

```python
class RSA:
    def _init_(self, p, q):
        n = p * q
        # 根据欧拉函数，p、q 是质数，所以 (p - 1) 是与 p 互质的数目，q 同理
        r = (p - 1) * (q - 1)
        # 取 e 为 11（大于 1 小于 r，和 r 最大公约数为 1）
        e = 97
        # 求模反元素，e 与 r 互质，一定存在一个 d，使得 e*d/a 余数为 1
        # 使用扩展欧几里得算法，可以得到模反元素
        d = self.modinv(e, r)
        # 获得的解密 key（私钥）
        self.key = (e, n)
        # 获得的加密 key（公钥）
        self.p_key = (d, n)

    # 加密
    def encryption(self, s):
```

```
        res_message = (s ** self.p_key[0]) % self.p_key[1]
        return res_message

    # 解密
    def decrypt(self, s):
        res_message = (s ** self.key[0]) % self.key[1]
        return res_message
```

模反元素的定义是：如果两个正整数 a 和 n 互质，那么一定可以找到整数 b，使得 $ab-1$ 被 n 整除，或者 ab 被 n 除的余数是 1。

求取模反元素可以使用扩展欧几里得算法，代码如下所示。

```
# 扩展欧几里得算法
def egcd(self, a, b):
    if a == 0:
        return (b, 0, 1)
    else:
        g, y, x = self.egcd(b % a, a)
        return (g, x - (b // a) * y, y)

# 获取 e 的值
def modinv(self, a, m):
    g, x, y = self.egcd(a, m)
    if g != 1:
        raise Exception('modular inverse does not exist')
    else:
        return x % m
```

上述代码可以使用以下代码进行测试。

```
if _name_ == '_main_':
    r = RSA(17,19)
    t = r.encryption(199)
    print("加密后结果：", t)
    t = r.decrypt(t)
    print("解密后结果：", t)
```

选定 p 和 q 的值后，算法会自动地进行密钥的生成，接着对数字进行加密即可，结果如

图 10-22 所示。

```
F:\anaconda\python.exe H:/book/python-book/python_book_2/src/10/10-3-4.py
加密后结果：63
解密后结果：199

Process finished with exit code 0
```

图 10-22　数字的加密和解密结果

在实际的加密和解密算法中，因为数字足够大，所以并不容易计算，可以使用蒙哥马利幂模运算（RSA 核心之一，快速计算 a^b%k 的一种算法）完成，读者感兴趣的话可以自行了解。

注意：在实际的 RSA 算法中，p 和 q 的值一定是足够大的素数，如果取值过小，不仅加密的范围会减小，例如选取 p 和 q 分别为 3 和 11 时，加密值只能小于或等于 32，而且会出现非常多的问题，例如可以使用加密的公钥函数进行解密。

10.4　小结和练习

10.4.1　小结

本章主要介绍了在真实开发中可能会接触的一些算法的思想，并进行了简单的说明。在实际的代码编写过程中可能很少进行这种基本算法的编写，但是理解这些算法的过程和思路非常重要，这些算法也是复杂算法的基础。

本章选择的这些算法没有涉及矩阵运算、数论中的复杂概念，只是展示算法过程。如果读者感兴趣，可以自行了解。

10.4.2　练习

为了更好地理解本章的内容，希望读者可以完成以下相关练习。

练习 1：掌握素数和公约数等概念，了解辗转相除法及其他算法的思想，了解欧拉函数等概念。

练习 2：熟练掌握随机的概念，并且编写简单的算法，实现随机数问题。

练习 3：理解加密算法的概念，了解更多的加密算法，如 SHA 算法、AES 算法等，编写常用的几种加密方式的代码。

习题和练习答案

第 2 章

习题 1

答案：$O(n)<O(\log n)<O(n^2)$

解析：只要有极限的概念，就可以非常容易地记住时间复杂度的排序，也可以结合函数的图像进行记忆。

习题 2

答案：可以根据花色进行区分，将四种花色分别进行排序；同样，对所有的数字也可以进行区分，可以按照包含数字和人物的扑克牌进行区分。最终将得到的所有结果进行组合，得到整理后的扑克牌。

解析：顾名思义，分治法就是"分而治之"的思想，将一个大的问题转化为多个小的问题，自顶向下地求解子问题，最终完整地解决所有问题。

习题 3

答案：存储和处理器技术的发展，让软件厂商更加关注功能和体验，而不是提高性能和节约资源。

解析：现代的软件越来越臃肿是有多方面原因的，包括但不限于功能越来越多，图片清晰度和 UI 美观的要求越来越多，编程语言越来越高级，封装程度越来越高，等等。其中非常重要的一个原因就是，随着存储和处理器的日益廉价且性能日益提升，优秀的算法和内存控制已经不再是软件优先考虑的内容了。

第 3 章

习题 1

答案：线性表的逻辑顺序与物理顺序并不总是一致的。

解析：对顺序表结构而言，二者是一致的；如果是链表实现的线性表结构，则不一定是一致的。

习题 2

答案：是

解析：对顺序表结构而言，如果需要进行数据的增加或者删除，必须移动所有的数据。

习题 3

答案：否

解析：头指针必须指向头节点。虽然在 Python 中不存在指针的概念，但是读者应当知道节点中的指针都应当指向该节点本身。

习题 4

答案：访问节点的时间复杂度为 $O(1)$，增加节点和删除节点的时间复杂度为 $O(n)$。

解析：顺序表结构中，访问某个节点的时间复杂度为 $O(1)$，可以直接找到该节点，取得该值，而删除节点和增加节点在最差的情况下一定要移动所有的节点，所以时间复杂度为 $O(n)$。

第 4 章

习题 1

答案：C

解析：在使用二叉树进行算术表达式计算时，虽然没有包含小括号，但是其某一节点的子树可以视为一个值，子树内部的遍历顺序一定是算式的计算顺序，也就是说，最终应当是两个值进行"/"运算。

习题 2

答案：E

解析：完全二叉树的最多节点的情况下，该二叉树是满二叉树，叶子节点最多具有 2^{k-1} 个，128 是 2 的 7 次方，则该树的深度可能是 8。当深度为 8 时，最多可以有 255 个节点，但是该树不是满二叉树，所以最多有 251 个节点。

习题 3

答案：C

解析：哈夫曼树的度只能为 0 或者 m（严格意义上是 0 或者 2，度为 2 是因为本书中的哈夫曼树指严格二叉树）。设非叶子节点为 x，全部的节点数为 $x+n$。从度推测全部节点，度 m 意味着所有的节点数为 $mx+1$（根节点），得到

$$x+n=mx+1$$

解得 $x = \dfrac{n-1}{m-1}$ 。

习题 4

答案：

（1）二叉树如下图所示。

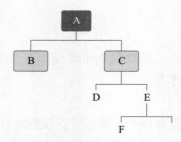

（2）中序遍历：B-A-D-C-F-E；后序遍历：B-D-F-E-C-A。

解析：顺序存储结构的二叉树，为了确定该节点的位置，是按照完全二叉树进行存储，增加了虚节点来填充数据存储。

第 5 章

习题 1

答案：D

解析：该图是无向图，所以弧两端的节点可以相互访问。需要注意的是，在图中同一级的节点并没有明确的顺序，而且根据起始点的不同，遍历顺序的差异会很大，需要从第一个节点进行分析。对于 D 选项，如果是广度优先遍历，其顺序应当是 a,b,h,e,f,g,d,c。

习题 2

答案：C

解析：矩阵中的 0 代表不连通，1 代表连通，也就是一行中有几个 1，代表节点的出度为几，而入度应当是所处列中 1 的数目，节点的度应当是入度和出度的和。该图可以根据矩阵画出，如下图所示。

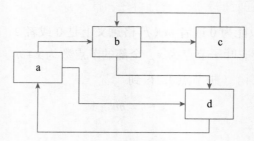

习题 3

答案：B

解析：无向图具有 n 个顶点，则应当具有 $n(n-1)/2$ 条相互连通的线。如果是有向图，则不需要除以 2。

第 6 章

习题 1

答案：错

解析：空串指的是 " "，长度为 0。而空格串是若干个空格组成的字符串，其本身的长度不为 0，且可以进行输出。

习题 2

答案：A

解析：next 数组的第一位应当为 –1（根据定义不同而不一定），计算得到 0,1,2,3,0，进行一次位移操作，并在头部加一位 –1。

习题 3

答案：C

解析：计算得到 0,0,1,2,3,1,1,2,3,4,5,6，位移一位并且在前方增加 –1，得到 –1, 0, 0, 1, 2, 3, 1, 1, 2, 3, 4, 5。

习题 4

答案：C

解析：应当为 22 个子串，计算是 7+6+5+3+2+1=21，加上空串是所有串的子串，得到最终的子串个数。

第 7 章

习题 1

答案：D

解析：内部排序中，稳定的算法有冒泡排序、插入排序、归并排序、基数排序；不稳定的算法有选择排序、快速排序、希尔排序、堆排序。

习题 2

答案：A

解析：每次都会找到数列中最小的一个元素，放在该存放的位置中，并且与当前位的数据进行交换，因此是不稳定的直接选择排序。

习题 3

答案：B

解析：步骤 1 将 88 放在末尾，无法看出排序方式，但是从步骤 2 可以简单看出，目标元素 16 是次大元素，被位移到倒数第二位，所以应当是冒泡排序。

习题 4

答案：C

解析：经过第一次的基数排序后，应当是 {110,120,911,122,114,007,119}，在此基础上进行第二次排序，得到的是 {007,110,911,114,119,120,122}。

第 8 章

习题 1

答案：C

解析：Kruskal 算法会将所有边进行逐次排序。如下图所示，第二次选中的可能是权值为 8 的三条边。Prim 算法从 V4 节点开始，会访问 V1 节点，第二次选取的节点可以是通过 V1 到 V3 或者 V4 到 V3，所以选择 V3 到 V2。

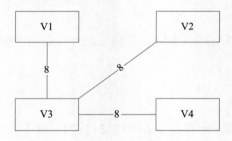

习题 2

答案：C

解析：图与树的区别，不在于边数或者节点数，故不选 A；顶点集 $V' \in V$，$E' \in E$，虽然可以构成 G 的子图，但是如果节点和边不成图，则不可能是 G 的子图，故不选 B；图的遍历是指从某一节点开始有序地进行遍历访问的过程，D 错误。

习题 3

答案：D

解析：为了确保是一个连通图，则需要节点之间成环。一个节点可以与其他的所有节点进行连接，因为是无向图，则得到的结果是 $5 \times (5-1)/2+1=11$。

习题 4

答案：最少有 n 条边，最多有 $n(n-1)$ 条边。

解析：有向图中 n 个节点相互连接，所以最少只需要 n 条边，如果是最多条边，则每个节点都相互连接，所以具有相同的出入度，最多有 $n(n-1)$ 条边。

第 9 章

习题 1

答案：如下图所示。

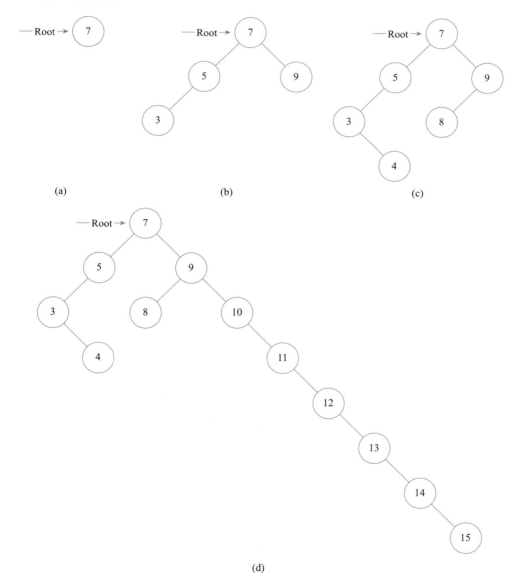

(a)   (b)   (c)

(d)

解析：二叉搜索树的构建简单，所有的节点依次进入二叉搜索树即可。首先进入的数据是 7，此时二叉树为空，认为 7 是根节点，如图（a）所示。接下来进入节点 5，5 小于根节点，所以存放在根节点的左边，节点 9 大于根节点，存放在根节点的右边。节点 3 小于节点 7 且小于节点 5，存放在节点 5 的左边。依此类推，如图（b）至（d）所示。

习题 2

答案：C

解析：B 树是平衡树的一种，并且要求所有的叶子节点处于同一层（从根节点到各个叶子节点的深度一致），选项 A 错误。同时 B+ 树需要搜索到叶子节点才能找到目标数据的地址，B 树并没有强制要求，可以在分支节点中获得数据地址，所以选项 B 错误。B 树要求不存在重复的数据，这是因为 B 树的查找并不需要找到目标后继续向下，多次保存重复关键字会造成性能下降，选项 D 错误。

习题 3

答案：D

解析：这里求 B 树的阶数 M，阶数意味着找到子树最多的节点，可以看到最多的节点具有 4 个子树，所以这是一个 4 阶的 B 树。

习题 4

答案：如下图所示。

解析：红黑树的构建比二叉搜索树的构建要复杂，需要注意节点的颜色和条件是否符合。如果不符合红黑树的性质，需要进行选择操作。

具体步骤如下：

（1）节点 7 进入红黑树，此时红黑树为空，节点 7 成为根节点，因为根节点是黑色的，将节点 7 重新着色为黑色。

（2）节点 5 进入红黑树，小于节点 7，作为节点 7 的左子节点，父节点为黑色，不用更改颜色。

（3）节点 9 进入红黑树，大于节点 7，作为节点 7 的右子节点，父节点为黑色，不用更改颜色。

（4）节点 3 进入红黑树，节点 3 和节点 5 都是红色节点，且叔节点 9 也是红色节点，需要对节点 5、9 进行着色，改为黑色，并将祖父节点（此时的根节点 7）改为红色，因为节点 7 是根节点，所以重置为黑色，如图（a）所示。

（5）节点 4 进入红黑树，存放在节点 3 的右子节点中，此时两个红色节点相连，且新的节点 4 的叔节点（节点 5 的右子节点是叶子节点）是黑色，符合情况 2。所以首先进行左旋操作，使得符合情况 3，再次右旋改变颜色，如图（b）所示。

（6）节点 8、10 进入红黑树，不需要更改颜色，直接挂载在节点 9 中，如图（c）所示。

（7）节点 11 进入红黑树，作为节点 10 的右子节点。节点 10 和节点 11 都是红色节点，且节点 11 的叔节点 8 是红色节点，需要向上传递改变颜色，将节点 10、8 改为黑色，将节点 9 改为红色，如图（d）所示。

（8）节点 12 进入红黑树，存放在节点 11 的右子节点中，此时节点 12 的父节点 11 是红色，叔节点是黑色的叶子节点，符合情况 3，所以进行一次左旋，即可使红黑树符合规则，如图（e）所示。

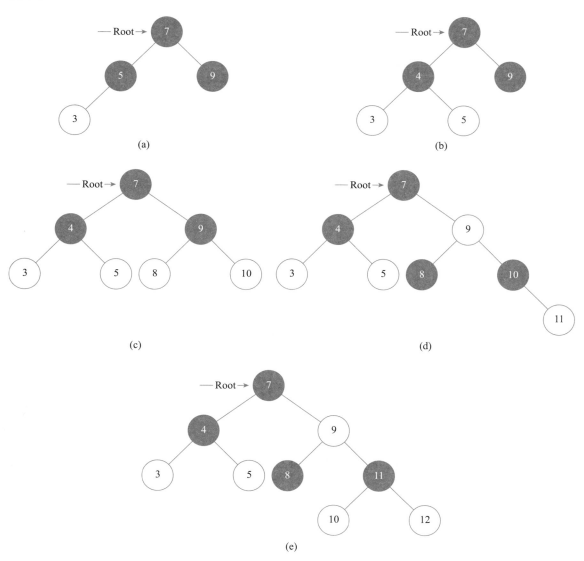

（9）节点 13 进入红黑树，挂载在节点 12 的右子节点中，并且向上变动颜色，将节点 12、10 改为黑色，节点 11、根节点 7 改为红色，如图（f）所示。先不需要更改根节点 7 的颜色，因为此时出现了一个问题，从根节点出发到叶子节点的黑色节点的数目不同，通过节点 4 到达叶子节点只需要经过一个黑色节点，而从其他路径需要经过两个黑色节点，所以需要一次左旋操作，改变根节点，如图（g）所示。

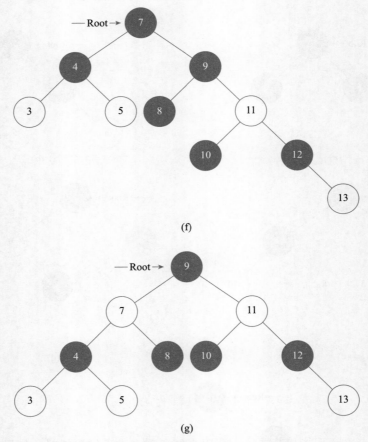

（10）节点 14 进入红黑树，进行旋转，如图（h）所示。

（11）节点 15 进入红黑树，挂载在节点 14 的右子节点中，向上变色，完成整棵红黑树，如图（i）所示。

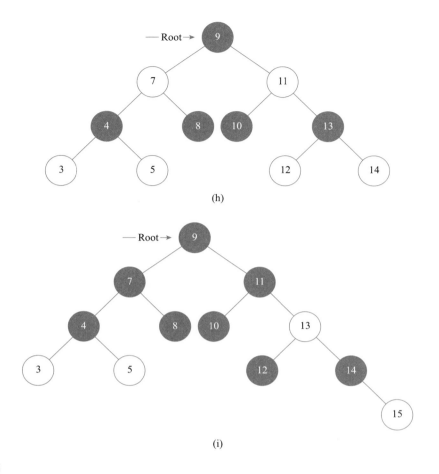

(h)

(i)

习题 5

答案：红黑树在构建时，之所以选择初始节点为红色节点，是为了方便整理红黑树的节点并进行及时调整。如果初始节点为黑色节点，如果不在节点进入红黑树之前改变颜色，所有黑色节点都可以进入红黑树中，一定会导致黑色节点的深度不一致，无法有规律地进行红色节点的调整。

因为红色节点之间不能相互连接，所以当红色节点进入红黑树时，如果其父节点也是红色，那么一定意味着节点的变动，只需要向上不断地迭代变动即可，而不用整体考虑红黑树的颜色，提高了性能且易于编写代码。